DELIUS KLASING

EGMONT M. FRIEDL

KNOTEN & SPLEISSEN

Delius Klasing Verlag

Bibliografische Information der Deutschen Nationalbibliothek
Die Deutsche Nationalbibliothek verzeichnet diese Publikation in der Deutschen Nationalbibliografie; detaillierte bibliografische Daten sind im Internet über http://dnb.dnb.de abrufbar.

8. Auflage
ISBN 978-3-667-12731-0

Lektorat: Felix Wagner
Einbandgestaltung und Layout: Gabriele Engel
Lithografie: digital | data | medien, Bad Oeynhausen
Gesamtherstellung: Print Consult, München
Printed in Slovenia 2023

Delius Klasing Verlag, Siekerwall 21, D - 33602 Bielefeld
Tel.: 0521/559-0, Fax: 0521/559-115
E-Mail: info@delius-klasing.de
www.delius-klasing.de

Inhalt

Willkommen

Bei der Auswahl und Zusammenstellung meiner Knoten- und Spleißanleitung habe ich versucht, zwei Grundsätzen zu folgen:

- Alles Wichtige und Sinnvolle
- Nichts Zweitrangiges und Praxisfremdes

Gezeigt wird also nicht möglichst viel, sondern möglichst Sinnvolles für die Praxis, und dabei nicht nur die einfachen Knoten und Spleiße!

So kann man sich zunächst ein sehr solides Grundwissen aneignen; wer jedoch alles im Folgenden Gezeigte beherrscht oder zu beherrschen lernt, der wird allgemein schon als Spezialist und Profi gelten.

Ich wünsche Ihnen viel Vergnügen und Erfolg mit diesem Buch und seinen Videos, und bitte bedenken Sie:

Sich Segler nennen – erst Seil und Knoten kennen!

Vorwort zur 8. Auflage

Der anhaltende Erfolg dieses Buches freut mich sehr und bestätigt das Konzept aus Buch plus Videos als die beste Methode zum Erlernen komplizierterer Knoten und fachmännischer Spleiße. Denn so sind zum einen die Eigenschaften und wichtigen Entstehungsschritte klar festgehalten, während zum anderen viele Details und die handlungsintensive Arbeitsweise des Spleißens optimal in den präzisen Videos verfolgt werden können.
Ab dieser 8. Auflage sind die entsprechenden Videos zu den Knoten und Spleißen sowohl über eine Short-URL als auch über einen QR-Code verlinkt.

Bedanken möchte ich mich an dieser Stelle für die vielen positiven Zuschriften. Es freut mich jedes Mal, wenn ich höre, dass dieses Buch beim Knoten, Takeln oder bei einem komplizierten Spleiß endlich und nachhaltig zum Erfolg geführt hat.

Egmont M. Friedl
EMF Marine
Rigging und Spleißwerkzeuge
www.emf-marine.de

1. Fünf Knoten für den Anfang

Zu den Videos:

dk-buch.link/4mj

1.1 Zwei halbe Schläge

Das ist eine einfache Methode, ein Seilende festzumachen. Bei wechselnder Belastung bietet dieser Knoten jedoch nur geringe Sicherheit und kann leicht aufgehen, vor allem wenn das Seil aus verschiedenen Richtungen immer wieder straff kommt.

Zwei halbe Schläge sollten daher nur verwendet werden, wenn ein Seil unter Spannung festgemacht wird, z. B. als Abschluss einer Verzurrung.

Vorzugsweise legt man zusätzlich einen Rundtörn, um somit die Reibung zu erhöhen und die Belastung des Seils auf eine größere Fläche zu verteilen.

Siehe auch: Fischerstek

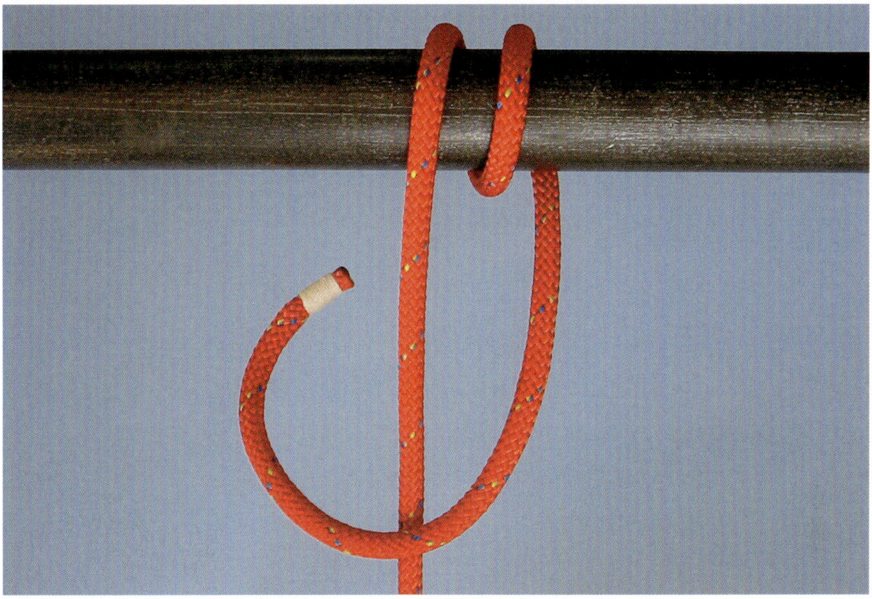

Zunächst einen Rundtörn legen, dann mit dem losen Ende einen halben Schlag um die stehende Part machen.

Der zweite halbe Schlag wird in gleicher Richtung wie der erste um die stehende Part gemacht.

1.2 Kreuzknoten

Der Kreuzknoten dient dazu, zwei Seilenden auf Spannung miteinander zu verbinden. Typischerweise wird ein Gegenstand, z.B. das auf dem Baum aufgetuchte Großsegel, mit einem Seil umschlungen und auf Spannung verknotet. Der Kreuzknoten hält das zusammen, was umschlungen wurde, ist aber nicht geeignet, ein Seil irgendwo festzumachen oder Zug vom Seilende her aufzunehmen.

Wenn diese Umschlingung schnell wieder zu lösen sein soll, kann man den Kreuzknoten sehr gut auf Slip legen. Falsch herum gemacht ist dieser Knoten schwerer lösbar und gereicht als sogenannter Altweiberknoten nicht gerade zur Ehre seines Anwenders.

Für effektiveres Verzurren siehe: Achtknoten-Variante, Zurrknoten

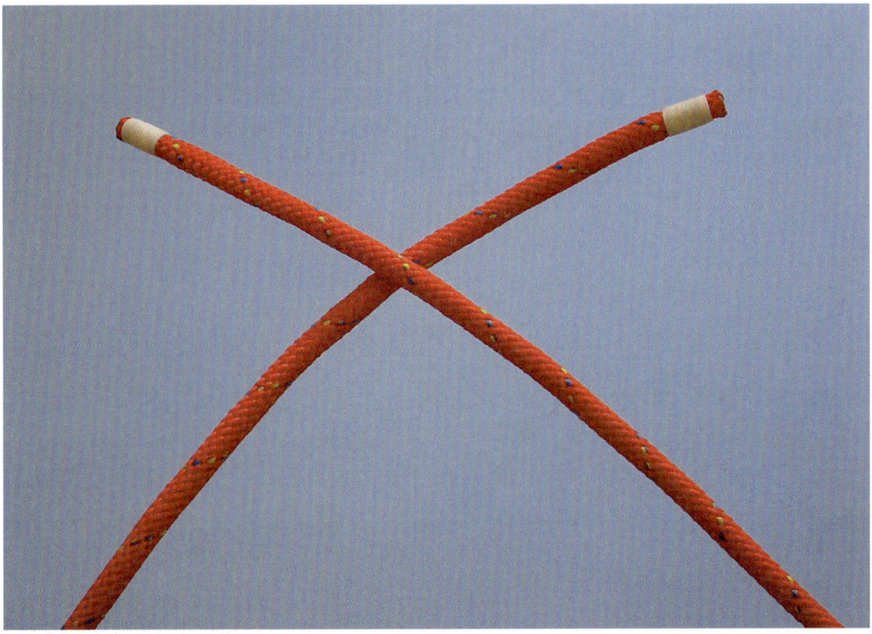

Erst rechts über links ...

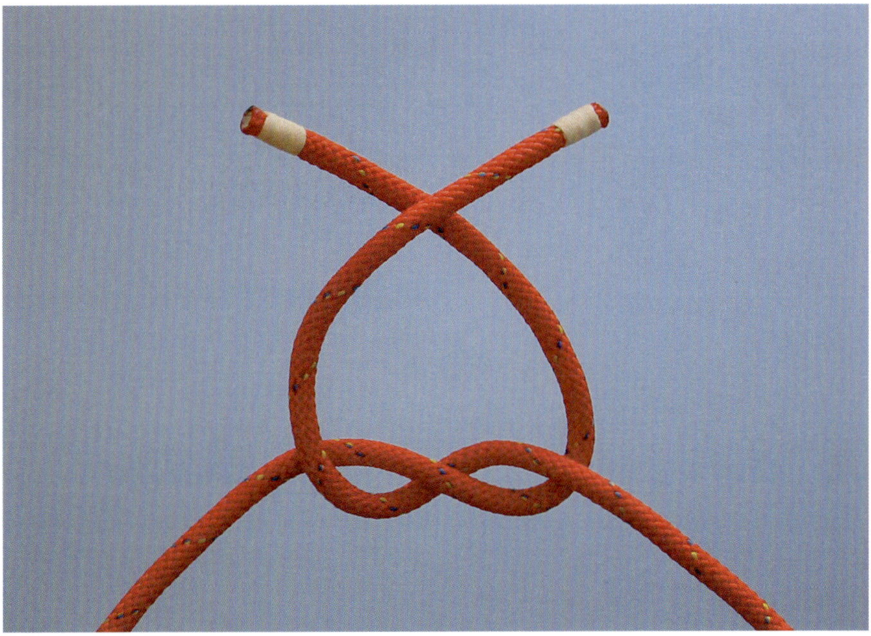

... einen gewöhnlichen Knoten machen, dann links über rechts.

1.3 Palstek

Der Palstek ist der Universalknoten, um ein Auge zu machen, das sich nicht zusammenziehen kann und das auch nach großer Belastung noch gut zu öffnen ist.

Der Palstek heißt bei Bergsteigern und Kletterern Bulin.

Es gibt zahlreiche Methoden und Tricks, einen Palstek zu machen, wichtig ist aber lediglich, ihn in jeder Orientierung, d.h. zu sich hin und von sich weg sowie mit dem losen Ende in der rechten oder linken Hand zu beherrschen und zwar am besten blind.

Bei wechselnder Belastung ist der Palstek kein hundertprozentig sicherer Knoten und ist daher nicht geeignet, um Personen mit Klettergurt / Bootsmannsstuhl oder Lifeline zu sichern.

Mit einem Palstek verringert sich die Bruchlast eines Seils auf ca. 55 % (doppelt geflochtenes Polyesterseil).

Siehe dazu: Doppelter Achtknoten, Spierenstich, Doppelter Palstek

Gesteckte Methode

Ein kleines Überhandauge legen. Mit dem losen Ende durch das Auge, ...

... um die stehende Part herum und durch das Auge wieder hinaus.

Hand-Umdreh-Methode

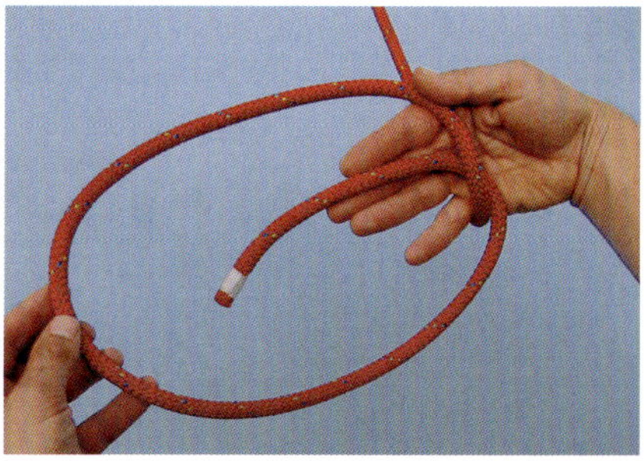

Das lose Ende in der Handfläche halten, über die stehende Part gehen, die Hand über die stehende Part nach außen drehen und dabei die lose Part von unten nach oben durch das große Auge führen.

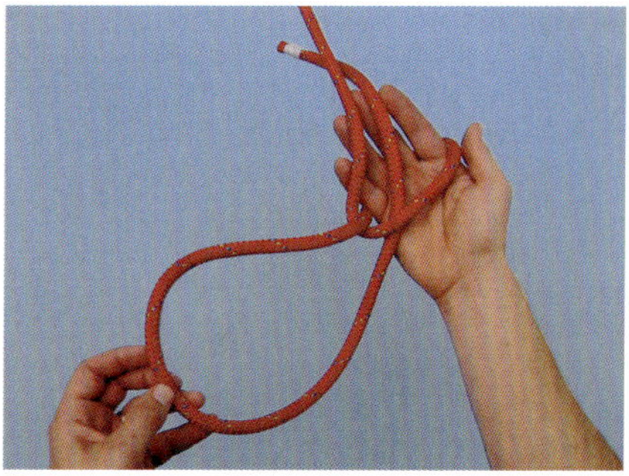

Dann das lose Ende hinter der stehenden Part herumführen ...

... und zusammen mit der Hand aus dem kleinen Auge ziehen.

1.4 Webeleinstek

Mit dem Webeleinstek kann ein Seil schnell festgemacht und in seiner Länge noch verstellt werden, z.B. wenn man einen Fender an die Reling hängt. Dazu dient die gesteckte Version mit einem losen Ende.

Man kann mit diesem Knoten aber auch schnell einen Karabiner oder Schäkel etc. in ein Seil setzen, ohne ein Ende des Seils zu benötigen.

Der Webeleinstek heißt bei Bergsteigern und Kletterern Mastwurf und wird als Sicherungsknoten in einen Karabiner gelegt, z.B. bei der Standplatzsicherung.

Der Webeleinstek bekneift sich selbst und hält nur unter Spannung.

Gesteckte Methode

Einen Rundtörn legen und über Kreuz gehen.

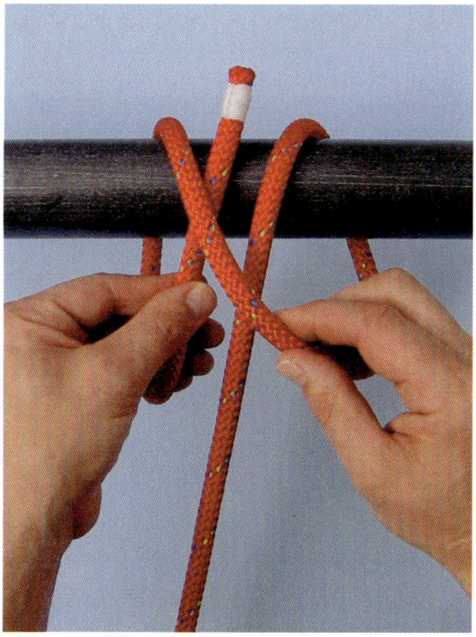

Das lose Ende noch einmal herumführen und unter sich selbst durchstecken.

Gelegte Methode

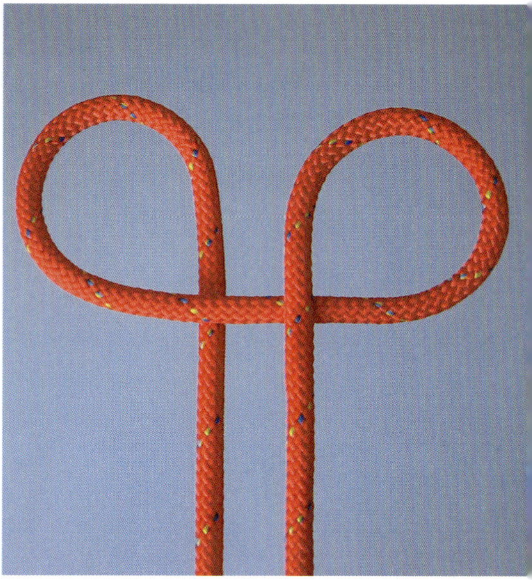

Man legt zuerst ein Auge, dann mit der gleichen Bewegung ein zweites Auge.

Das vordere Auge wird unter des hintere geschoben.

1.5 Achtknoten

Der Achtknoten dient in stärkerem Tauwerk ausschließlich als Stoppknoten, um ein Seilende nicht durch einen Block, eine Leitöse o. Ä. ausrauschen zu lassen.

Ein gewöhnlicher Knoten (halber Schlag) lässt sich, wenn er einmal richtig festgezogen ist, viel schwerer lösen als der Achtknoten und hat als einzelner Knoten im Gebrauch eines Seemanns, Kletterers oder sonstigen Knoten-Gebildeten eigentlich nichts verloren.

Einzig zum Verschnüren von Kartons und anderen Gegenständen mit dünnem Bändselgut verwenden Packer gern den Achtknoten als Lauf- bzw. Zurrknoten. Das Video zeigt auch diese Variante.

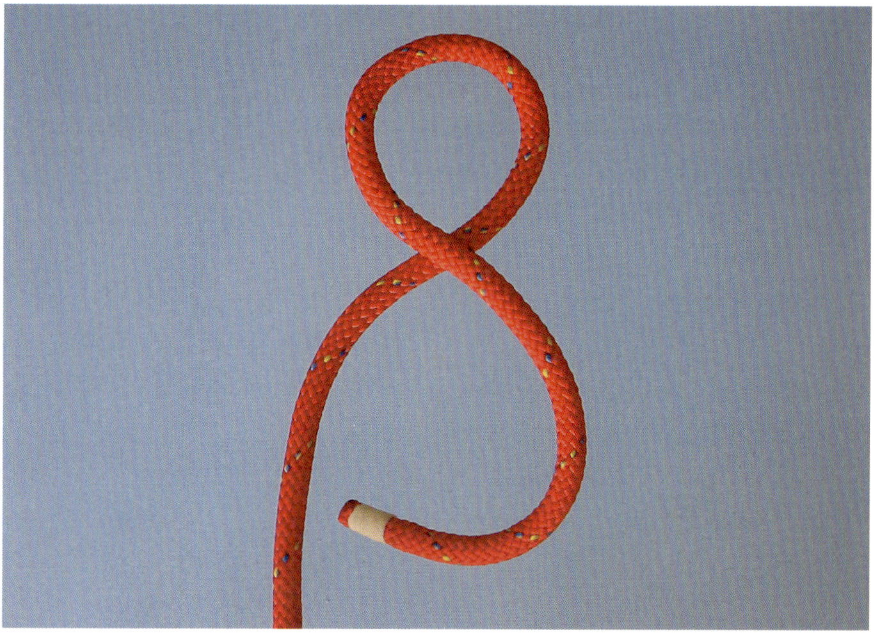

Mit dem losen Ende hinter der stehenden Part herum, ...

... dann von vorn durch das Auge.

2. Zehn Knoten, die man können sollte

Zu den Videos:

dk-buch.link/ild

2.1 Fischerstek

Ein sicherer Knoten, um ein Seilende eng um einen Gegenstand herum festzumachen.

Weitere Vorzüge des Fischersteks, auch Roringstek genannt, sind: Er ist schnell zu machen und immer leicht zu lösen sowie seilschonend durch die große Auflagefläche des Rundtörns; zudem zeigt sein Anwender Können und Traditionsbewusstsein!

Mit einem Fischerstek verringert sich die Bruchlast eines Seils auf ca. 68 % (doppelt geflochtenes Polyesterseil).

Siehe auch: Spierenstich

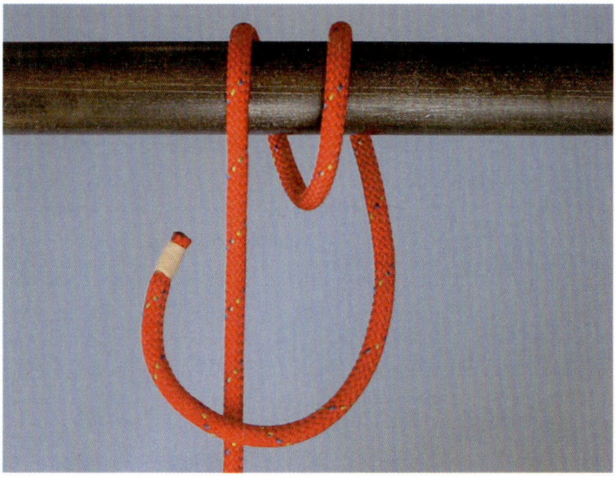

Einen Rundtörn legen.

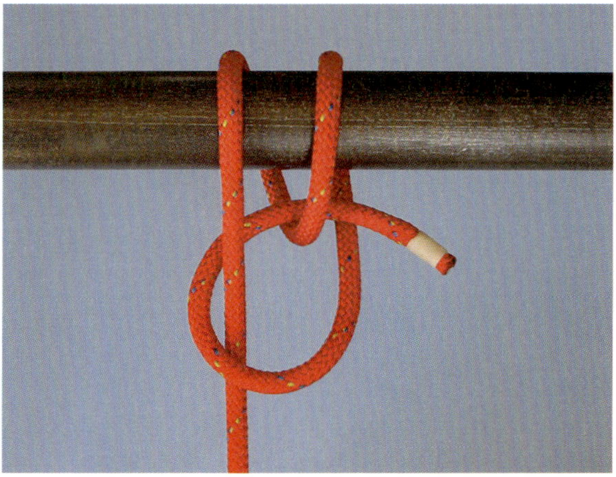

Mit dem losen Ende einen halben Schlag um die stehende Part und durch den Rundtörn machen.

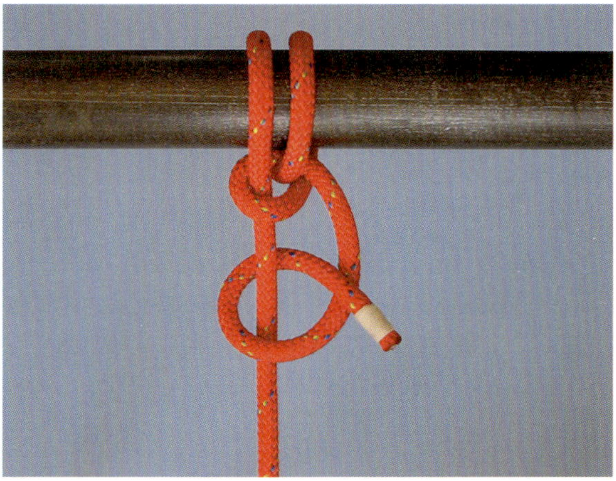

Ein zweiter halber Schlag in gleicher Richtung um die stehende Part sichert den Fischerstek.

2.2 Stopperstek

Der Stopperstek kann äußerst nützlich sein. Oft funktioniert ein Stopperknoten nicht, nämlich dann, wenn er nicht korrekt gemacht wurde. Die hier gezeigte Variante ist sehr zuverlässig, der Ablauf beim Binden muss aber genau eingehalten werden.

Mit dem Stopperstek wird ein Seil festgemacht und kann, bevor man den Knoten endgültig sichert, in seiner Länge justiert werden. Oder er wird an ein gespanntes Seil, an ein Rohr oder ein ähnliches Objekt geknotet, um parallel Zug aufzunehmen, denn er kann unter Last nicht mehr verrutschen.

Wichtig: Der Stopperstek kann nur in einer Richtung nicht verrutschen, und zwar zu der Seite hin, an der man mit der ersten Wicklung angefangen hat!

Bei einem hartnäckigen Überläufer an einer Winsch zum Beispiel kann an die gespannte Schot ein Tauende mit einem Stopperstek angeschlagen und über eine zweite Winsch dichtgeholt werden, um den Überläufer so zu entlasten und zu lösen.

Siehe auch: Prussik, Ultimativer Stopperknoten

Den ersten Törn gegen die Zugrichtung um das Seil legen und über Kreuz gehen.

Den zweiten Törn neben den ersten und auf gleicher Seite der stehenden Part legen.

Der dritte Törn kommt auf die andere Seite der stehenden Part. Das lose Ende wird unter dem dritten Törn durchgesteckt.

2.3 Doppelter Achtknoten

Das ist der richtige Knoten, wenn es um höchste Sicherheit geht. Den doppelten Achtknoten benutzt man für ein Auge, das sich nicht zusammenziehen und auch bei wiederholten Lastwechseln nicht aufgehen darf.

Mit ihm können Personen im Klettergurt oder Bootsmannsstuhl gesichert werden, aber natürlich kann der doppelte Achtknoten auch einfach überall angewendet werden, wo es auf größte Zuverlässigkeit ankommt.

Wichtig ist vor allem, sich mit der gesteckten Version vertraut zu machen, um den doppelten Achtknoten auch an einem geschlossenen Ring etc. anwenden zu können.

Mit einem doppelten Achtknoten sinkt die Bruchlast eines doppelt geflochtenen Polyesterseils auf ca. 58 %.

Siehe auch: Spierenstich, Sackstich

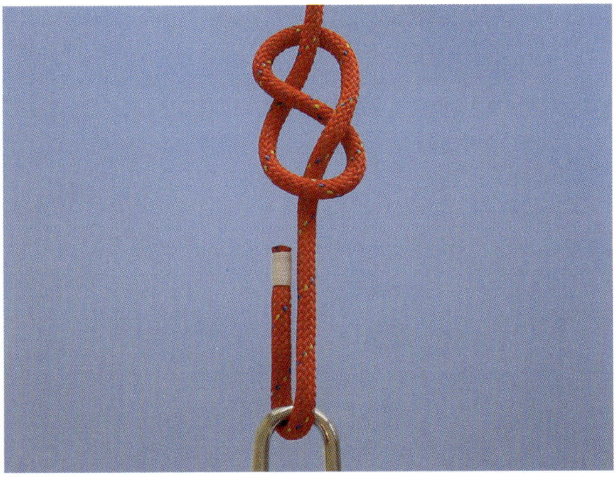

Zuerst einen Achtknoten in das Seil machen und das lose Ende durch den Befestigungspunkt führen.

Den Knoten so zurückverfolgen, ...

... dass sich die parallelen Parten nicht überkreuzen.

2.4 Spierenstich

Das ist wiederum ein Knoten für höchste Sicherheit. Mit dem Spierenstich, auch Fischerschlaufe oder Gerüstknoten genannt, macht man ein Auge, das sich zusammenziehen soll und auch bei wiederholten Lastwechseln nicht aufgehen darf.

Mit ihm können Personen in Klettergurt, Bootsmannsstuhl oder Lifebelt gesichert werden, aber natürlich kann der Spierenstich als Sicherheitsknoten auch noch in vielen anderen Anwendungen zum Einsatz kommen.

Seine sehr kompakte Form und die Tatsache, dass er einen Karabiner oder Schäkel fest umschließt und diesen so besser handhaben lässt, zählen zu seinen weiteren Vorteilen.

Mit zwei Spierenstichen lässt sich auch eine der sichersten Verbindungen von zwei Seilen herstellen. Diese Verbindung wird auch als doppelte Fischerschlaufe bezeichnet und stellt eine Verbesserung des sogenannten Englischen Knotens dar.

Mit einem Spierenstich sinkt die Bruchlast eines doppelt geflochtenen Polyesterseils auf ca. 75 %.

Siehe auch: Doppelter Achtknoten

Man legt eine Bucht und wickelt das lose Ende außen herum zurück.

Nach zwei kompletten Törns steckt man das lose Ende entlang der stehenden Part durch die Wicklungen.

2.5 Schotstek

Mit dem Schotstek verbindet man zwei Seile ähnlichen Durchmessers und ähnlicher Beschaffenheit.

Die Seilenden (lose Enden) müssen beim Schotstek entweder beide auf der rechten oder beide auf der linken Seite hervortreten.

Bei Tauwerk mit sehr glatter Oberfläche kann sich der Schotstek unter großer Last aufziehen.

Der Schotstek wird auch zum Knoten von Netzen verwendet. In dieser Anwendung wird er Weberknoten genannt.

Mit einem Schotstek verringert sich die Bruchlast eines doppelt geflochtenen Polyesterseils auf ca. 47 %.

Siehe auch: Doppelter Schotstek, Zeppelinstek

Das grüne Seil bildet eine Bucht. Das rote Seil wird so herumgeführt, …

… dass nach dem Durchstecken unter sich selbst die losen Enden auf der gleichen Seite liegen.

2.6 Doppelter Schotstek

Für mehr Sicherheit als beim einfachen Schotstek und bei Seilen unterschiedlichen Durchmessers oder unterschiedlicher Beschaffenheit wird der doppelte Schotstek verwendet.

Die zwei Wicklungen werden dabei immer vom dünneren Seil gemacht, wobei die zweite Wicklung zur Bucht des dickeren Seils hin gelegt wird.

Beide Seilenden müssen immer auf derselben Seite des Knotens hervortreten.

Siehe auch: Zeppelinstek, Trossenstek

Das stärkere Seil bildet die Bucht.

Mit dem dünneren Seil die Wicklungen legen …

… und das lose Ende unter der eigenen stehenden Part durchstecken.

2.7 Konstriktor

Der Konstriktor, auch Würgestek genannt, ist leider viel zu wenig bekannt. Er ist ein äußerst praktischer Knoten, der wie ein Kabelbinder oder eine Schlauchschelle ein Objekt fest umschließt und zusammenpresst.

Mit einem Konstriktor können Sachen zusammengeschnürt, abgebunden, angelascht oder geschient werden. Er lässt sich enorm festziehen und wird nicht nachgeben. Allerdings ist ein festgezogener Konstriktor auch nur schwer zu lösen.

Dieser Knoten ist für Garne und Seile jeglichen Durchmessers geeignet.

Wer beide Methoden, einen Konstriktor zu machen, beherrscht, hat für ungezählte Anwendungen die eleganteste und beste Lösung parat.

Siehe auch: Doppelter Konstriktor

Gelegte Methode

Man legt ein Auge, ...

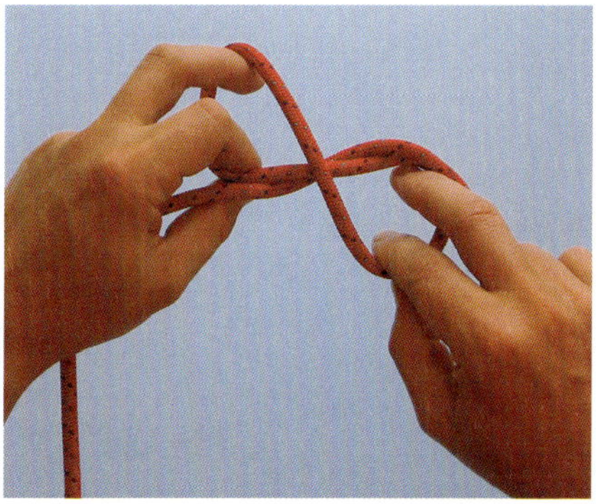

... verdreht es zu zweien ...

... und klappt diese nach unten zusammen.

Gesteckte Methode

Beginn wie beim Webeleinstek: Mit dem losen Ende herum und über Kreuz, ...

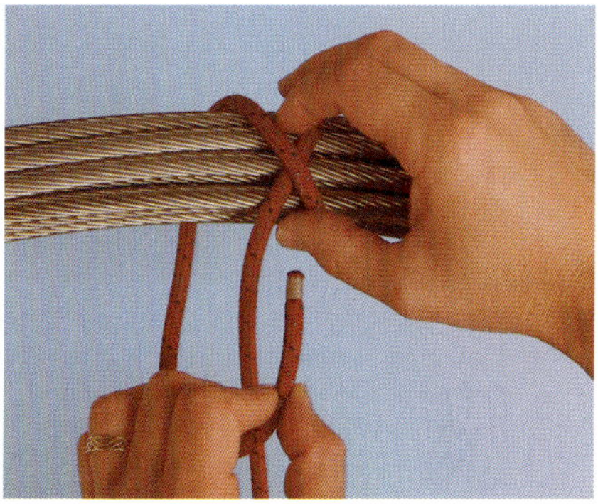

... noch einmal herum, über die stehende Part und dann unter der Kreuzungsstelle hindurch.

2.8 Schmetterlingsknoten

Wenn man irgendwo in die Mitte eines Seils ein Auge machen muss, welches sich nicht zusammenzieht und von beiden Enden des Seils her belastbar ist, dann ist der Schmetterlingsknoten die beste Lösung.

Vor allem dann, wenn das Seil auch über seine gesamte Länge noch gestreckt wird, d. h. Zug aufnehmen muss.

Ein ebenso schöner wie wichtiger und sicherer Knoten, der zudem verblüfft, wenn man ihn blitzschnell in ein Seil zaubert!

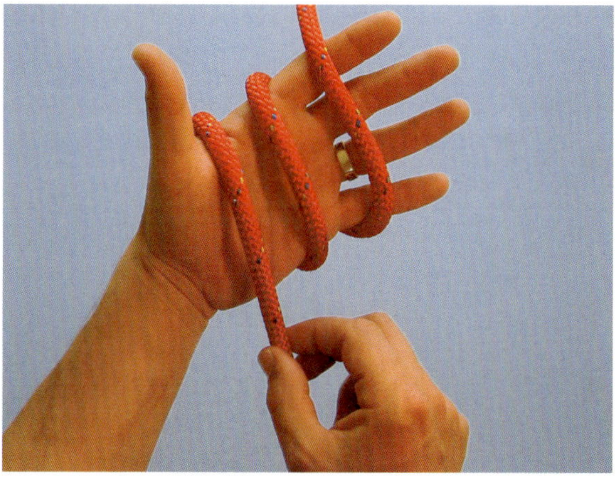

Drei Wicklungen um die Hand legen. Die linke in die Mitte, ...

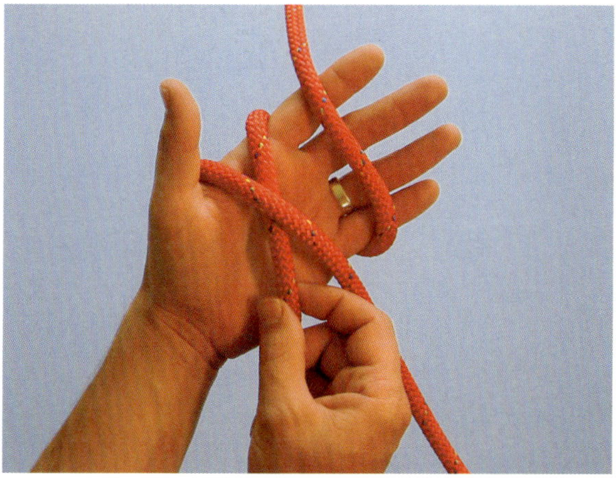

... die neue linke ganz nach rechts ...

... und durchziehen.

2.9 Zurrknoten

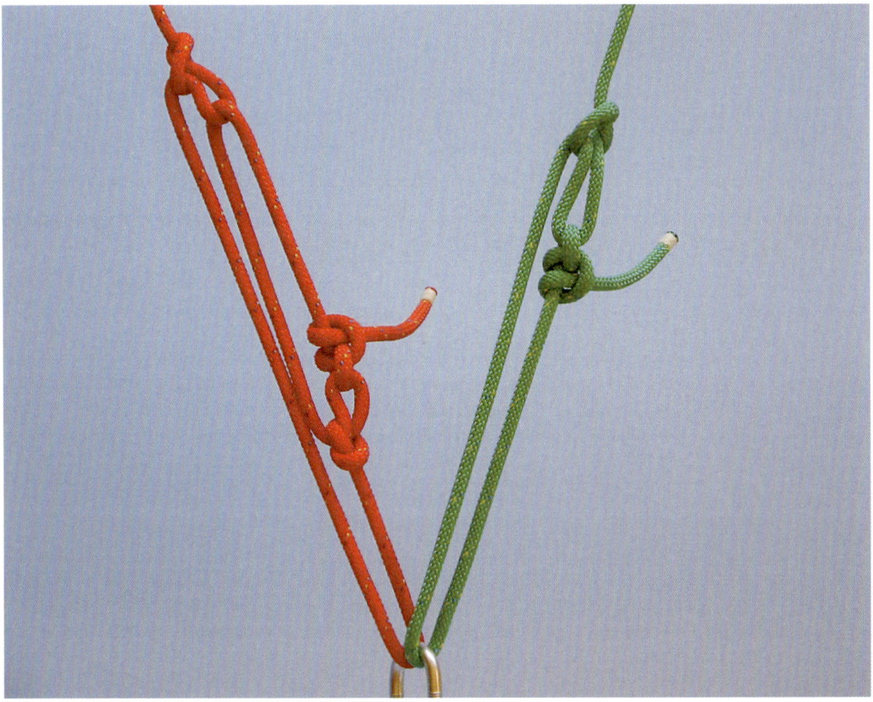

Möchte man einen Gegenstand sicher verzurren – egal ob es ein Boot auf dem Trailer, Gepäck auf dem Autodachträger oder ein Dingi an Deck einer Yacht ist –, so wird man im Prinzip Seile auf einer Seite befestigen und über den Gegenstand führen. Nun gilt es, diese Seile auf der anderen Seite festzumachen und dabei ordentlich dichtzuholen. Dazu verwendet man Zurrknoten.

Wer das beherrscht, kann bei vielen Anwendungen auf Spanngurte getrost verzichten.

Als Behelfs-Talje können Zurrknoten in vielen weiteren Situationen eingesetzt werden, immer dann, wenn ohne Hilfsmittel starker Zug auf ein Seil ausgeübt werden soll.

Zurrknoten setzt man meist auf Slip, damit sie schnell wieder lösbar sind. Ansonsten kann als Auge auch ein Schmetterlingsknoten verwendet werden.

In der grünen Leine herrscht eine Untersetzung von 3:1, die rote zeigt eine sehr effiziente Anordnung mit einer Untersetzung von 6:1.

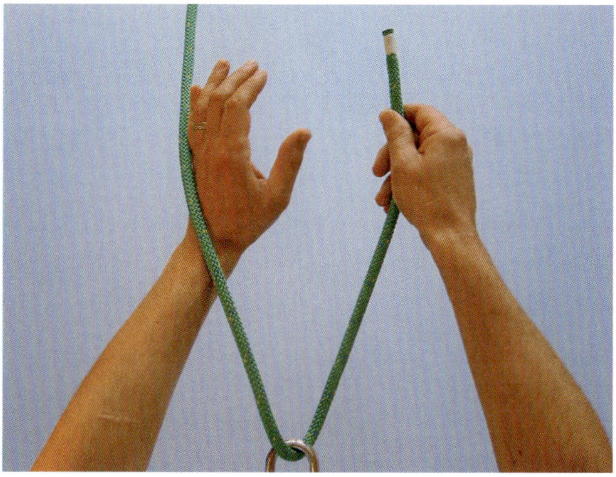

Die linke Hand fasst hinter das Seil.

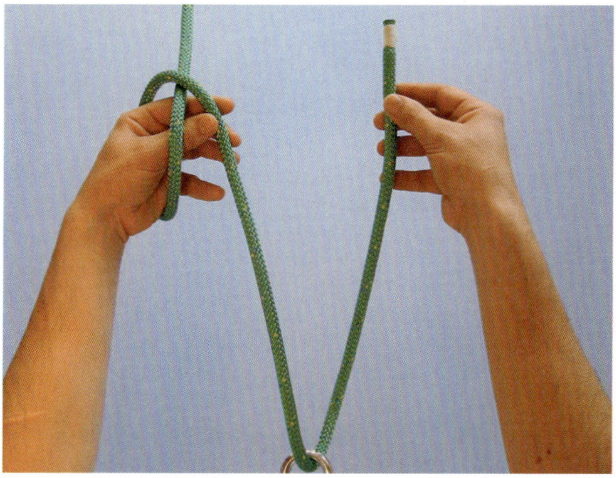

Mit einer schnellen Drehung aus dem Handgelenk entsteht der Slipknoten, ...

... durch den das lose Ende durchgesteckt und umgelenkt wird.

2.10 Marlinstek

Mit dem Marlinstek belegt man meist dünneres Tauwerk oder Takelgarn (Marlin) schnell um einen Marlspieker oder zur Not um jeden anderen geeigneten Gegenstand, wie z. B. einen Schraubendreher oder Hammerstiel, um kräftig anziehen zu können.

Der Marlinstek ist der Arbeitsknoten des Taklers.

Er lässt sich immer blitzschnell lösen, da er nur auf Zug hält.

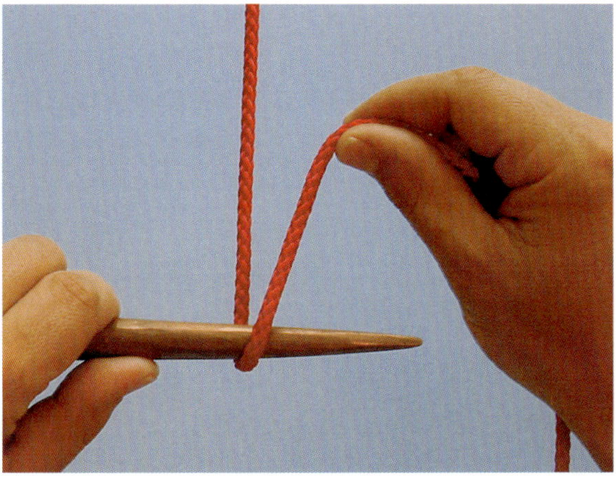

Den Marlspieker ansetzen, ...

... mit der Spitze hinter die stehende Part greifen ...

... und den ersten Törn über die Spitze heben.

3. Zehn weitere sinnvolle Knoten für den Fortgeschrittenen

Zu den Videos:

dk-buch.link/cj1

3.1 Doppelter Palstek

Der Doppelte Palstek wird verwendet, um ein Auge in ein Seil zu setzen ohne dessen Enden zu benötigen. Im Gegensatz zum Schmetterlingsknoten ist hier das Auge doppelt für bessere Lastverteilung. Dafür kann das Seil aber nicht mehr über die gesamte Länge gespannt werden.

Der Doppelte Palstek kann auch gesteckt werden, um an einem geschlossenen Ring o. Ä. ein doppeltes, sich nicht zusammenziehendes Auge anzubringen.

Das Video zeigt noch eine weitere Palstekvariante mit doppeltem Auge, den sogenannten Portugiesischen Palstek.

Mit einem Doppelten Palstek reduziert sich die Bruchlast eines doppelt geflochtenen Polyesterseils auf ca. 51 %.

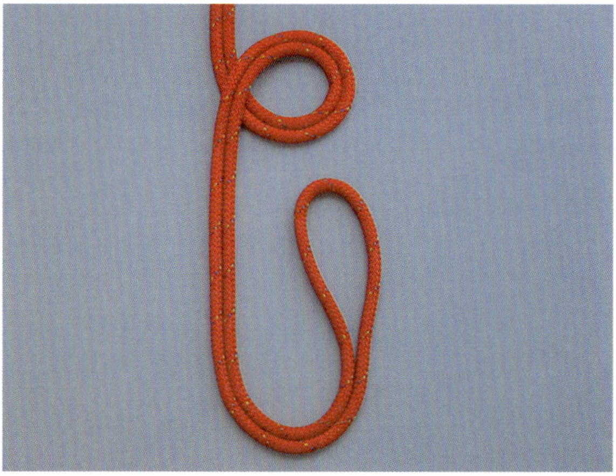

Das Seil doppelt nehmen und wie beim einfachen Palstek beginnen.

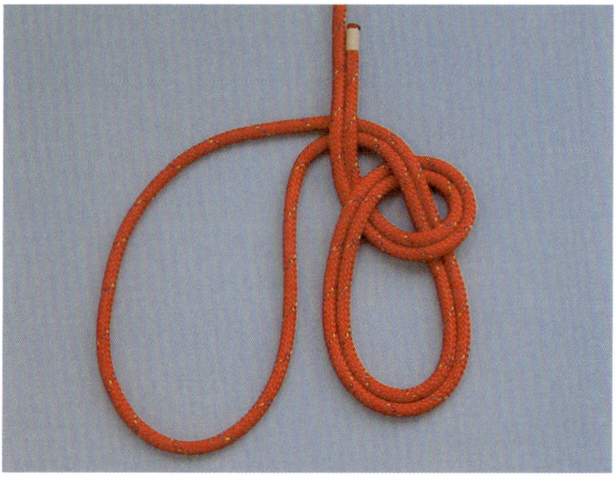

Mit der Bucht geht man durch das Auge und hinten herum.

Dann die Bucht über den gesamten Knoten stülpen und dichtholen.

3.2 Zeppelinstek

Ein sehr schöner und zuverlässiger Knoten, um Tauwerk gleichen Durchmessers zu verbinden.

Dieser Knoten wurde u.a. bei den Festmachertauen der Zeppeline verwendet.

Die Bruchlast von doppelt geflochtenem Polyesterseil, verbunden mit einem Zeppelinstek, sinkt auf ca. 47 %.

Siehe auch: Schotstek, Doppelter Schotstek, Trossenstek, Sackstich

Beide Augen liegen im Uhrzeigersinn. Einmal ist das lose Ende oben (grün), einmal ist es unten (rot).

Das grüne Auge über das rote legen und die losen Enden durch die Mitte stecken.

3.3 Trossenstek

Mit dem Trossenstek können schwere Leinen/Trossen verbunden werden, ohne sie dabei zu eng umzubiegen. Die Enden werden an ihre eigene feste Part beigebändselt; so zieht sich der Trossenstek nicht ganz zusammen und lässt sich später leichter öffnen.

Nur sinnvoll bei Leinen von 20 mm Durchmesser und mehr.

Ein Auge gegen den Uhrzeigersinn legen. Das andere Seil darüber führen …

… und gegen den Uhrzeigersinn einmal unten herum, einmal oben drüber …

… immer abwechselnd herumführen. Die losen Enden müssen an gegenüberliegenden Seiten austreten.

3.4 Sackstich

Mit diesem Knoten werden Seile, aber auch flache Gurte und Bänder verbunden. Besonders beim Klettern wird er als sicherer Verbindungsknoten geschätzt.

Man nennt den Sackstich auch Wasserknoten. Abhängig vom Tauwerk ist er oft schwer zu lösen.

Einen schönen und leichter zu lösenden Knoten als Alternative bekommt man, wenn man den Sackstich als Achtknoten macht – dann Achterstek mit zwei Parten oder Flämischer Knoten genannt.

Bei doppelt geflochtenem Polyesterseil, verbunden mit einem Sackstich, reduziert sich die Bruchlast auf ca. 56 %, verbunden mit einem Achterstek mit zwei Parten auf ca. 51 %.

Siehe auch: Zeppelinstek, Doppelter Schotstek

Einen gewöhnlichen Knoten in das eine Seil machen und diesen vom Seilende her …

… mit dem zweiten Seil zurückverfolgen.

3.5 Doppelter Konstriktor

Für noch festere, unnachgiebigere und dauerhaftere Würgekraft als mit dem einfachen Konstriktor wird hier der Doppelte gezeigt.

Anwendungsbeispiele: Provisorische Reparatur von gebrochenen Spieren wie z. B. Spinnakerbaum, aber auch Pinne, Riemen etc. mit oder ohne zusätzliches Schienen. Als Ersatz für Schlauchschellen an Schlauchverbindungen oder zum Abdichten eines Mastkragens u.v.a.m.

Konstriktorknoten können unglaublich fest angezogen werden, z. B. wenn man sie mithilfe von Taljen oder Winschen festzieht – dann ist die Umschlingung allerdings so stark und fest, dass man sie meist mit einem Messer aufschneiden muss, um sie wieder zu lösen.

Einmal herum und über Kreuz ...

... und ein zweites Mal herum.

Von der anderen Seite über die stehende Part und unter der Kreuzungsstelle hindurch.

3.6 Halbmastwurf

Der Halbmastwurf wird in einen Karabiner oder auch Schäkel gemacht und dient generell zum Fieren von Lasten.

Beim Abseilen von Personen soll der Halbmastwurf nur in das weite Ende eines HMS-Karabiners (Halbmastwurfsicherung) gemacht werden.

Dies ist lediglich ein Reibungsknoten, der es ermöglicht, größeren Zug auf einem Seil mit der Hand zu halten.

Bei schnellem Fieren auf Reibungshitze achten!

Man legt erst ein Auge, dann mit der gleichen Bewegung ein zweites Auge.

Beide Augen zusammenklappen und einen HMS-Karabiner einsetzen.

3.7 Prussik

Der Prussik ist ein Reibungsknoten, der auf ein Seil gesetzt wird und sich bei Zug parallel zu diesem Seil zunehmend bekneift.

Er kann mit einem Seilende oder mit einer Schlinge gemacht werden.

Herrscht kein Zug auf dem Prussik, lässt er sich auf dem Seil verschieben.

Wie gut und ob überhaupt in ausreichendem Maße sich ein Prussik auf einem Seil bekneift ist abhängig von den jeweiligen Seiloberflächen bzw. Seilkonstruktionen und dem Größenverhältnis der Seildurchmesser. Für die Prussikschlinge verwendet man oft ein dünneres Seil, doch ist das von Fall zu Fall auszuprobieren.

Mithilfe von zwei langen Prussikschlingen, eine für die Füße, die andere am Klettergurt, kann man sich an einem Seil hocharbeiten, indem man die jeweils unbelastete Schlinge höher schiebt. Der Prussik vermindert seine Klemmkraft, wenn er angefasst und in

Lastrichtung gezogen wird. Auf diese Weise wird er in der SKT (Seilklettertechnik) auch als Abseilknoten verwendet. Die Verwendung solcher Aufstiegs- und Abseilknoten in der SKT ist für Unerfahrene gefährlich! Bitte nur unter Anleitung oder zumindest mit größter Vorsicht verwenden!

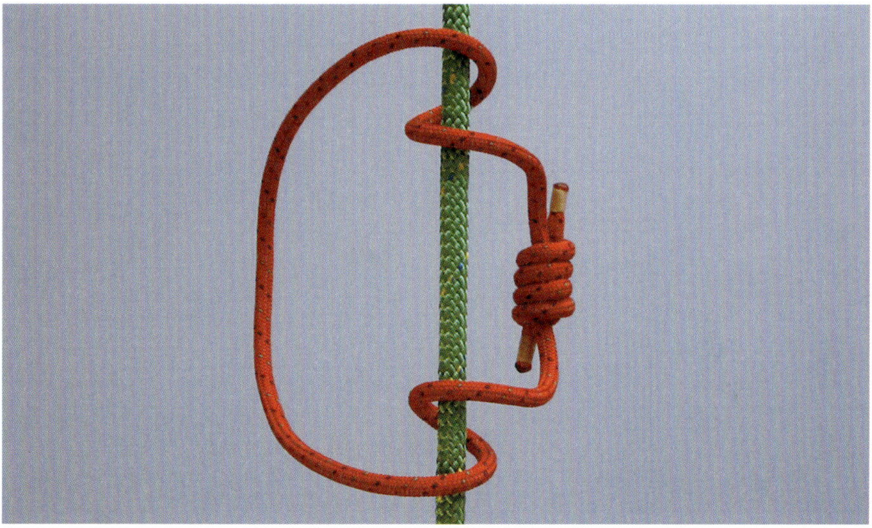

Die Prussikschlinge wird um das Seil gewickelt.

Nach zwei Wicklungen die Schlinge von den innen liegenden Enden zuziehen.

3.8 Ultimativer Stopperknoten

Auch Eiszapfenknoten genannt. Für schwierige Klemmaufgaben.

Wenn Tauwerk an Drahtseil angeschlagen werden soll, um das Drahtseil zu spannen, oder als Befestigungspunkt am Achterstag bzw. an den Wanten oder ganz allgemein, wenn entlang an runden, besonders glatten oder sogar spitz zulaufenden Objekten parallel Zug ausgeübt werden soll, dann haben wir hier einen Knoten mit allerhöchster Klemmkraft.

Dieser Knoten ist eine verbesserte Variante des Doppelten Pfahlsteks und des Tarbuckknotens.

Natürlich kann der Ultimative Stopperknoten auch bei einfacheren Klemmaufgaben den ansonsten üblichen Stopperstek ersetzen. Allerdings lässt sich der Ultimative Stopperknoten auch im entlasteten Zustand – auf allen bis auf den glattesten Oberflächen – meist nur noch schwer verschieben.

Bei einem Zugversuch mit 4-mm-Seil, angeschlagen an 8 mm doppelt geflochtenem Polyesterseil, brach das 4-mm-Seil bei einer Last von 472 kg bzw. 77 % seiner Bruchlast ohne zu verrutschen. Das 4-mm-Seil, angeschlagen an sehr glattes Drahtseil (Konstruktion 1x19), hielt eine Last von 109 kg.

Drei oder mehr Törns legen.

Das lose Ende ganz auf die andere Seite hinter der stehenden Part herum und unter sich selbst hindurch, ...

... jetzt im entgegengesetzten Drehsinn um das Drahtseil und an der Unterseite der stehenden Part durch das Auge stecken.

3.9 Trompetenstek

Der Trompetenstek wird gemacht, um eine beschädigte Stelle in der Mitte einer langen Leine zu überbrücken. Selten mag es auch nötig sein, eine an beiden Enden festgemachte Leine zu verkürzen, und auch dafür ist der Trompetenstek gut.

Der gewöhnliche Trompetenstek ist unsicher und hält nur, wenn ständig Spannung auf der Leine ist.

Die verbesserte Variante Trompetenstek mit Webeleinstek hat sich der Autor selbst ausgedacht, wenngleich ich diese Idee sicher nicht als Erster hatte.

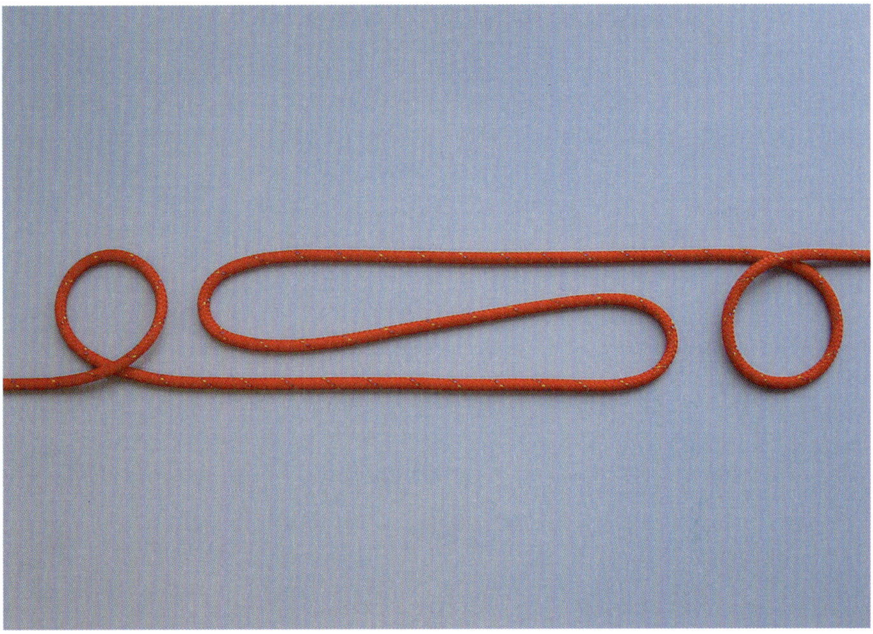

Das Seil verkürzen und die Buchten …

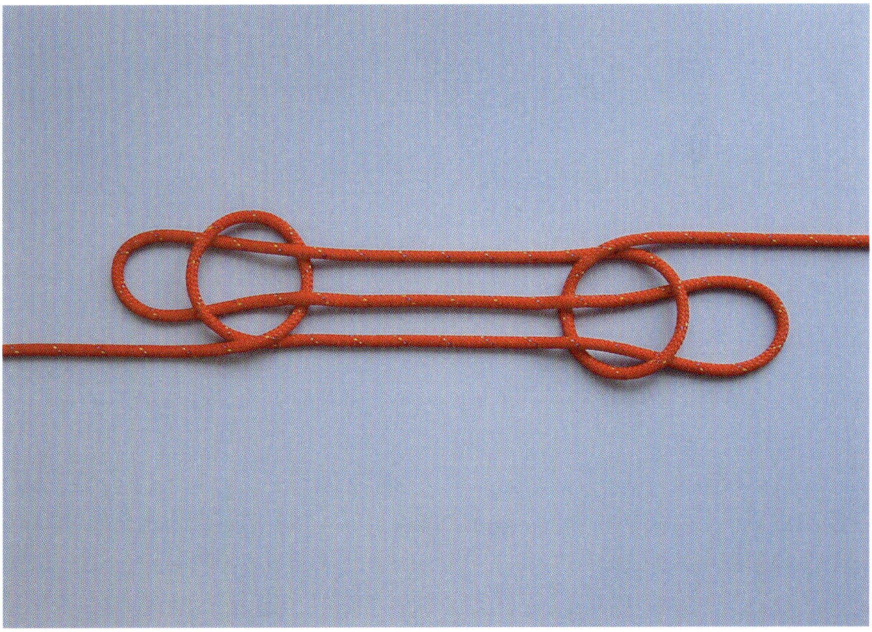

… durch die Augen stecken.

3.10 Eilige Anglerschlaufe

Die Eilige Anglerschlaufe ist eine interessante Variante der echten Anglerschlaufe. Mit beiden macht man ein Auge, das sich nicht zusammenziehen kann, genau wie beim Palstek – der Palstek ist in der Regel auch der bessere Knoten, da er nach großer Belastung leichter zu lösen ist.

Doch die Eilige Anglerschlaufe kann auch Vorteile für sich beanspruchen:

- Kein festes Auge lässt sich schneller und eleganter in ein Seil zaubern als die Eilige Anglerschlaufe.
- Wer sich vom Palstek abheben möchte oder einem vermeintlichen Seebären einmal etwas Neues zeigen möchte, dem sei ebenfalls die Eilige Anglerschlaufe empfohlen, denn nur wenige beherrschen diesen Knoten.

Die Eilige Anglerschlaufe ist für alle Taudurchmesser geeignet.

Mit der gezeigten zusätzlichen Drehung entsteht aus der Eiligen die echte Anglerschlaufe, ein alter, traditionsreicher Knoten als Alternative zum Palstek. Der Vorteil der echten Anglerschlaufe ist ihr starkes Bekneifen. Sie ist optimal geeignet für ausgesprochen glatte Seile und Garne sowie für Gummiseile.

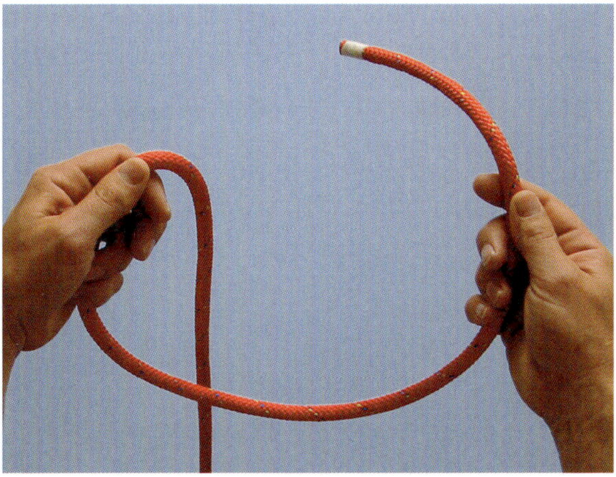

Mit Schwung wird das lose Ende hinter der stehenden Part herum ...

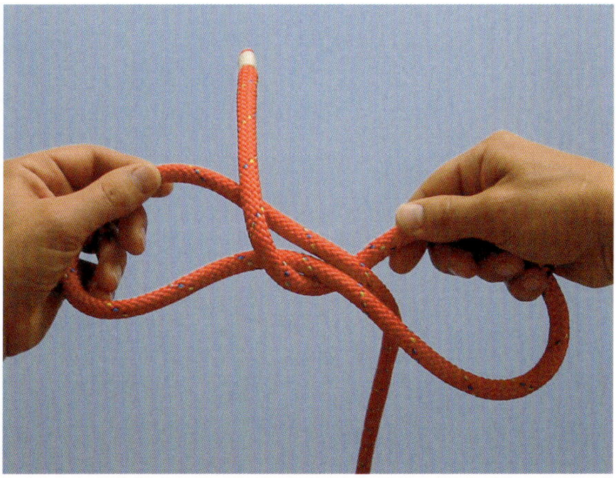

... nach vorn über die Kreuzungsstelle geworfen.

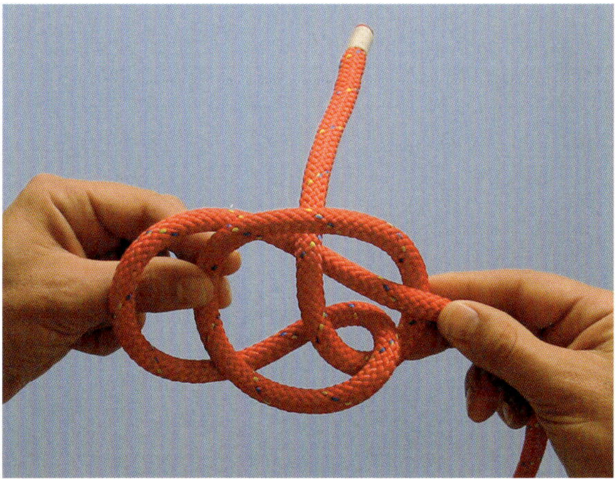

Dann steckt man das rechte durch das linke Auge.

4. Kleine Tauwerks- und Materialkunde

4.1 Materialien

Jedes Seil besteht aus einer Unmenge dünner Fasern. Eine Faser wiederum besteht aus einer Vielzahl dicht aneinander liegender, langer Molekülketten. Man spricht von Makromolekülen oder Polymeren.
Als Erstes unterscheidet man dabei:

Naturfaser

Die üblichen Rohstoffe sind:

- **Hanf** Cannabis sativa
- **Manilahanf** aus der indonesischen Bananenpflanze Musa textilis
- **Sisal** aus der mittelamerikanischen Agave sisalana
- **Flachs** echter Lein, Leinen, Linum usitatissimum
- **Kokosfaser** Coir

Kunstfaser

Die synthetischen Chemiefasern werden aus Erdölprodukten hergestellt. Sie werden aus einer zähflüssigen Masse mit hoher Geschwindigkeit durch hauchdünne Spinndüsen gepresst. So lassen sich Kunstfasern in beliebigen Längen herstellen, während Naturfasern maximal einen Meter, meist jedoch viel kürzer sind; einzige Ausnahme ist die Seide. Solche langen, durchgehenden Fasern nennt man Filamente. Sie ermöglichen hohe Reißfestigkeiten in Seilen. Kunstfasertauwerk hat sich aufgrund seiner technischen Überlegenheit fast uneingeschränkt durchgesetzt. Die Entwicklung von immer leistungsstärkeren Fasern ist bis heute sehr aktiv. Weiter müssen wir unterscheiden:

Polyester, PES (Dacron, Trevira, Diolen etc.): abriebfest, wenig Reck (Dehnung), nimmt fast kein Wasser auf.
Polyamid, PA (Nylon, Perlon etc.): hohe elastische Dehnung, ist von Vorteil z. B. bei Festmachern, saugt aber Wasser auf und verhärtet dann im Gebrauch. Bei Wasseraufnahme sinkt die Bruchlast um bis zu 20 %, nicht so abriebfest wie Polyester.
Polypropylen, PP: schwimmfähig, preiswert, geringere Bruchlast, nimmt kein Wasser auf, wenig abriebfest.
Hightech- (Hochmodul-) Fasern:

- Aramid (Kevlar, Twaron): hitzebeständig, hochfest, sehr geringer Reck.
- Dyneema, Spectra: sehr leicht, äußerst geringer Reck.
- Vectran: noch geringerer Reck als Dyneema, aber schwerer.
- Zylon, PBO: höchste Bruchlasten bei allergeringstem Reck, sehr teuer.

4.2 Seilkonstruktionen

Die Fasern werden zu Garn verdreht. Aus Garn werden Kardeele gedreht und die Kardeele werden zu Seilen gedreht, man sagt *geschlagen*. Oder aus den Garnen werden Seile *geflochten*.
Die üblichsten Konstruktionen sind:
Dreischäftig geschlagen: geeignet für Naturfaser, PES, PA, PP; erlaubt hohe Dehnung, griffig, preiswert. Es gibt hart und weich geschlagene Qualitäten für steife bzw. flexiblere Seile.
Quadratgeflochten: geeignet für PES, PA, PP; erlaubt hohe Dehnung, kann nicht kinken, da dreh-neutral, sehr griffig, sehr gut zu stauen, z. B. in Ankerkästen.
Einfach geflochten: geeignet für PES, PA, PP, Hightech; auch Hohlgeflecht genannt, da ohne Kern, dreh-neutral, sehr effiziente Fasernutzung, kein äußerer Schutz.
Doppelt geflochten (Kern-Mantel-Tauwerk): geeignet für PES, PA, (PP), Hightech; praktisch zwei geflochtene Seile ineinander – Kern und Mantel. Diese Konstruktion erlaubt den Einsatz unterschiedlicher Materialien, z. B. besonders abriebfester Mantel über besonders reckarmem Kern. Sehr flexibel, perfekter Schutz des Kerns.
Parallelkerngeflecht: geeignet für PES, Hightech; Konstruktion mit geringstem Reck durch die parallelen Fasern im lasttragenden Kern.

4.3 Qualität

Als Erstes kommt es auf die verwendeten Rohstoffe und deren Reinheit an. Es gibt unterschiedlichste Qualitäten von Polyester, Dyneema etc., die man mit bloßem Auge nicht unterscheiden kann. Des Weiteren: Besteht ein geflochtenes Seil aus lauter gleich gedrehten Garnen oder, wie es sein sollte, aus rechts- und linksgedrehten Garnen? Sind die Garne vorgereckt? Wurde das Seil unter Spannung thermofixiert?

Hochwertige Seile bestehen aus Filamenten oder Endlosfasern und haben eine glatte Oberfläche, aus der sich keine Fasern herauszupfen lassen. Für mehr Griffigkeit kann im Mantel auch Kammgarn mit seiner wolligen Oberfläche eingesetzt werden (weniger abriebfest). Außerdem bestimmt die Flechtart der Garne (8, 12, 16, 20, 24, 32fach, 1:1-, 2:2-Geflecht u. a.), wie flexibel, reckarm, abriebfest und griffig ein Seil ist.

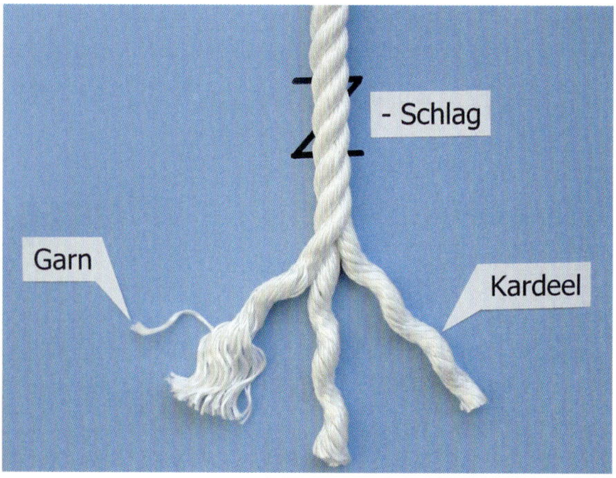

Dreischäftig geschlagen

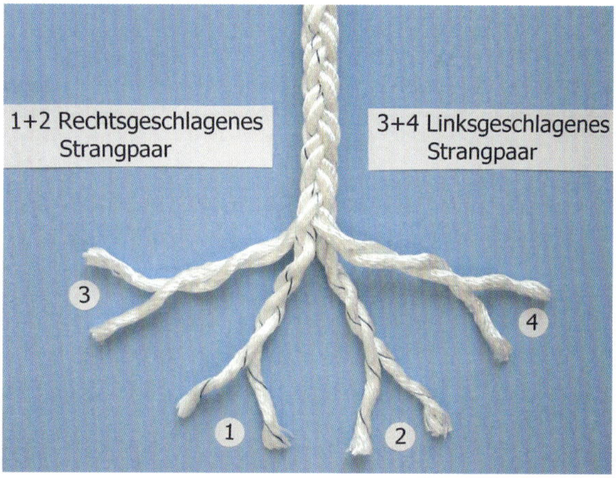

Quadratgeflochten

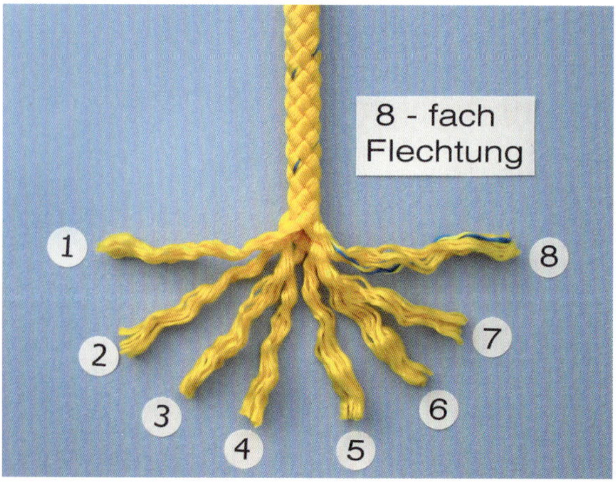

Einfach geflochten

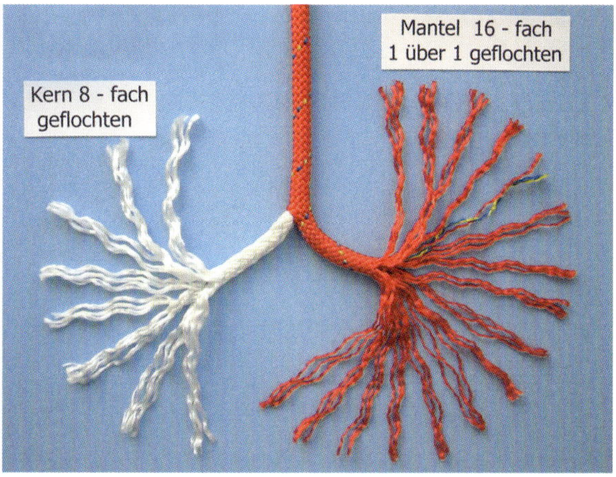

Doppelt geflochten

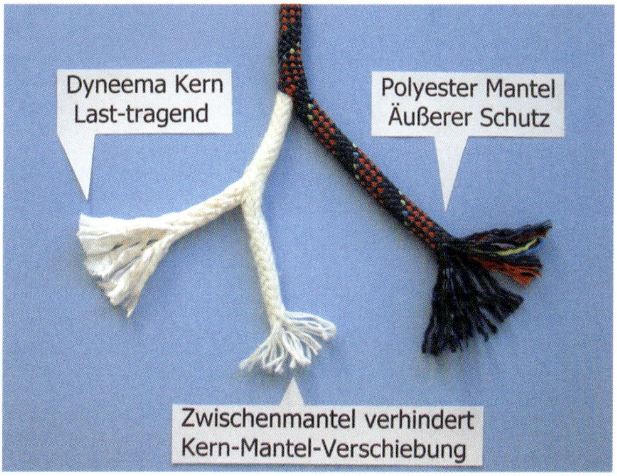

Doppelt geflochten, Hightech

Parallelkerngeflecht

5. Tauwerk richtig aufschießen und handhaben

Zu den Videos:

dk-buch.link/vvz

5.1 Aufschießen von geschlagenem Tauwerk

Dreischäftig geschlagenes Tauwerk ist fast immer rechts geschlagen. Man sagt, es hat einen Z-Schlag.

Wichtig:

Rechts geschlagenes Tauwerk wird immer mit der Sonne aufgeschossen. Das soll bedeuten, dass die Törns, wenn wir sie vor uns halten, immer von links nach rechts laufen, genau wie die Sonne von links nach rechts wandert, wenn wir uns ihr zuwenden. (Das gilt natürlich nur dann uneingeschränkt, wenn wir uns nördlich des nördlichen Wendekreises befinden).

Geschlagenes Tauwerk in größeren Längen bzw. mit stärkerem Durchmesser wird beim Aufschießen auf dem Boden in Törns gelegt, und zwar unter Beachtung derselben Regel:

Rechts geschlagenes Tauwerk (Z-Schlag) mit der Sonne, also im Uhrzeigersinn. Links geschlagenes Tauwerk (S-Schlag) gegen die Sonne, also gegen den Uhrzeigersinn.

5.2 Aufschießen von geflochtenem Tauwerk

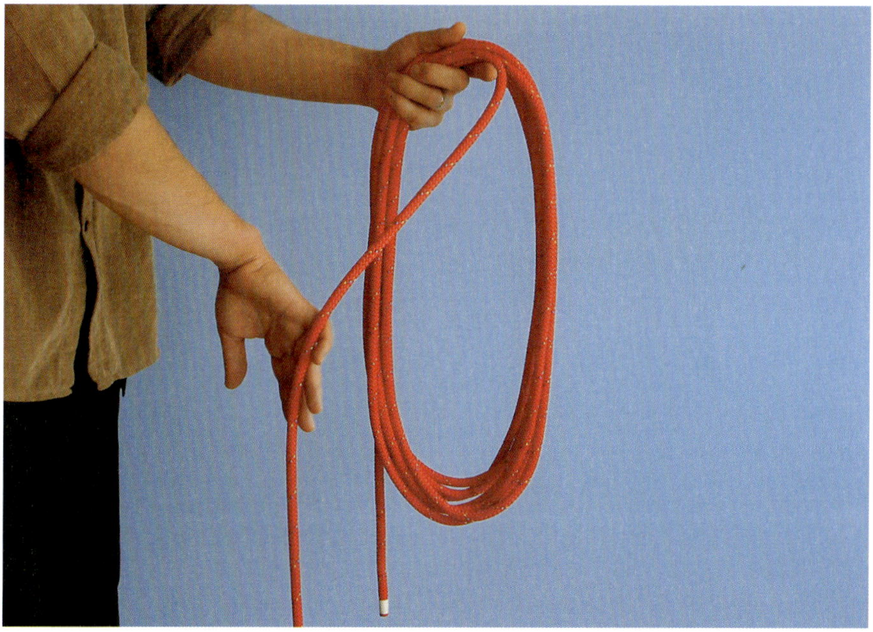

Das wird leider allzu oft falsch gemacht – mit dem Ergebnis, dass man sich vor allem bei größeren Seillängen mit einer vertwisteten Wuling herumärgern darf. Wundern Sie sich nicht, wenn Ihnen ein Segellehrer erzählt oder wenn Sie in einem »Knotenbüchlein« lesen, dass man geflochtenes Tauwerk einfach irgendwie und so gut wie halt möglich etc. zusammenlegen soll ... Falsch!

Die erste der beiden gezeigten Methoden gilt übrigens genauso für Drahtseile, Kabel, Schläuche und alles, was sich nicht verwinden lässt.

Bunde, die zu groß (und zu schwer) sind, um sie in der Hand aufzuschießen, werden über eine vorstehende Stange o. Ä. gehängt und so hängend aufgeschossen. Jeder Törn sollte dabei ein wenig kleiner oder größer gelegt werden als der vorhergehende – abhängig davon, von welchem Seilende der Bund klar laufen soll. Ein Bund läuft besser klar, wenn die Törns beim Ausrauschen größer werden.

Die zweite Methode, das Aufschießen in Achten, ist empfehlenswert bei besonders langen Seilen und kann dann auch auf dem Boden ausgeführt werden.

Grundsätzlich macht man beim Aufschießen von Tauwerk die Buchten so groß wie möglich. Um alle Vorgänge nahe und deutlich sehen zu können, wurde im Video in relativ kleinen Buchten aufgeschossen.

5.3 Der Seilbund – drei Varianten

- Maritim
- Alpin
- No name

5.4 Werfen, Belegen, Dichtholen

Es ist eine etwas peinliche, jedoch immer wieder zu beobachtende Situation: Eine Leine wird einem hilfsbereiten Zeitgenossen auf dem nur drei Meter entfernten Steg zugeworfen. Doch meterlanges, durch die Luft wirbelndes Tau kommt ruckartig auf unerklärliche Weise mitten im Flug zu einem Stopp und plumpst als trauriges Durcheinander ins Wasser ...

Gezeigt werden:

- Eine unkomplizierte Art, ein Seilende zu werfen.
- Richtiges Belegen auf einer Klampe.
- Festmacher, Fallen etc. effizient von Hand dichtholen.

6. Taklinge & Co.

Zu den Videos:
dk-buch.link/3i1

6.1 Takling für geschlagenes Tauwerk

Ein sauberer Takling ist die beste und ansehnlichste Methode, ein Seilende vor dem Aufschlagen zu sichern.
Für geschlagenes Tauwerk gibt es zwei Varianten:

- Das Seil wird etwas aufgeschlagen und die Zurrungen des Taklings werden ohne Nadel gelegt. Hier verlaufen die Zurrungen einzeln.
- Die Zurrungen verlaufen doppelt und werden mit der Nadel genäht. Dieser Takling kann auch weiter entfernt vom Seilende angebracht werden.

Das sind die richtigen Taklinge für geschlagenes Tauwerk, da die Zurrungen entlang der Kardeele verlaufen. Die anderen gezeigten Taklinge sind nicht für geschlagenes Tauwerk geeignet.

Richtige Länge des Taklings: 1–1,5-facher Taudurchmesser.

Die Wicklungen immer gegen den Schlag legen.

Die Zurrtörns werden unter den Kardeelen in entgegengesetzter Richtung, also mit dem Schlag, genäht.

Den letzten Zurrtörn unter dem Wicklungsanfang durchführen.

6.2 Einfacher Takling

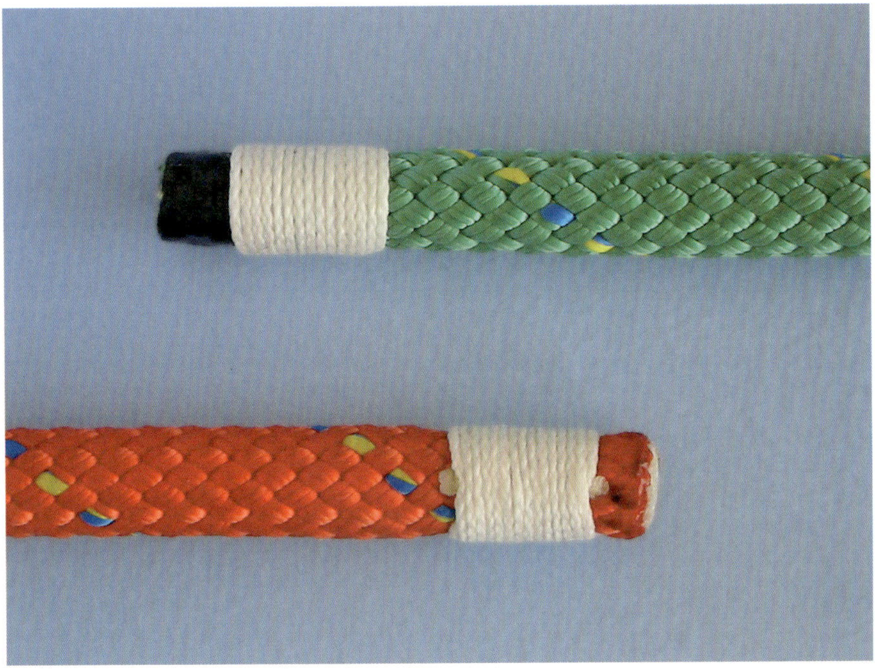

Einfach und schnell gemacht; ohne Nadel.

Für geflochtenes Tauwerk.

Richtige Länge des Taklings: 1–1,5-facher Taudurchmesser.

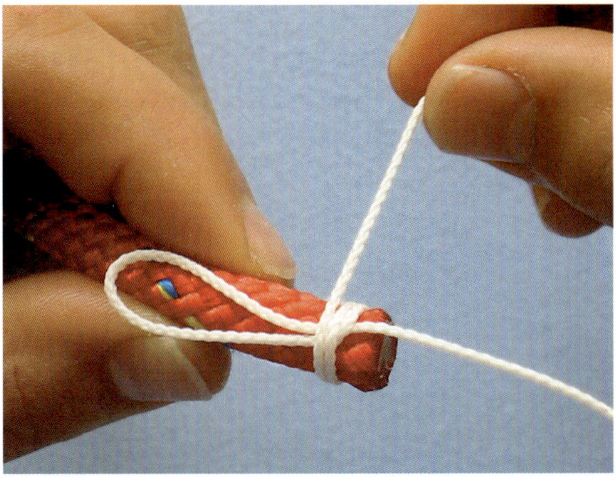

Am Seilende eine Schlaufe auflegen und fest umwickeln.

Das Takelgarn durch die Schlaufe stecken …

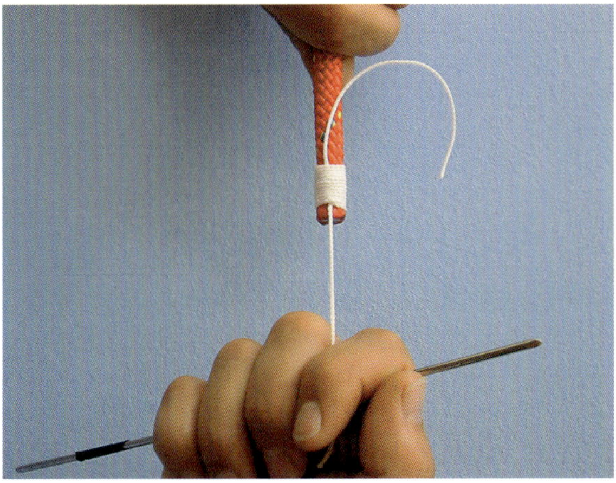

… und bis unter die Mitte des Taklings ziehen.

6.3 Genähter Takling

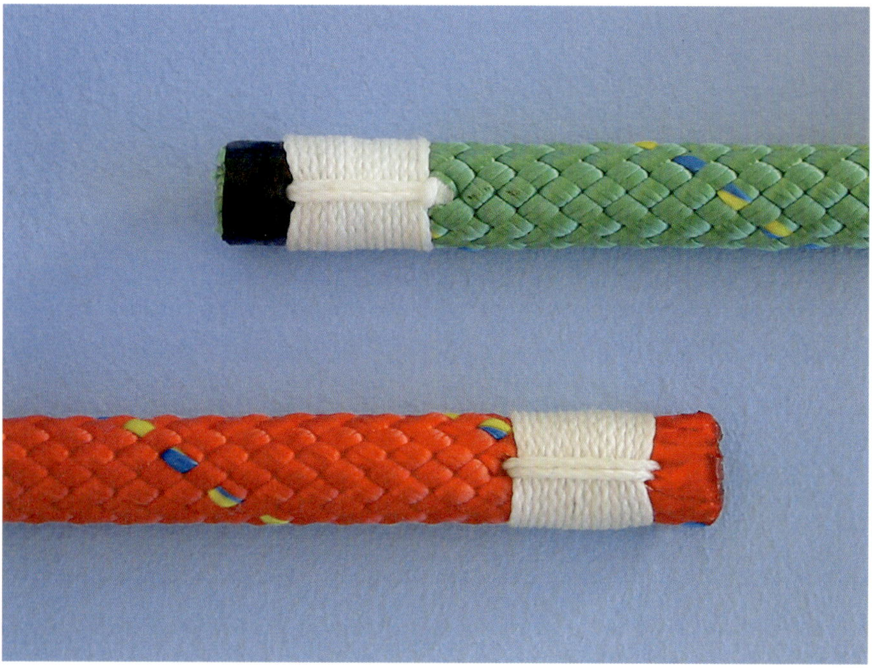

Für geflochtenes Tauwerk. Hält besser als der einfache Takling, vor allem wenn das Seilende knapp abgeschnitten und nicht verschmolzen wird.

Richtige Länge des Taklings: 1–1,5-facher Taudurchmesser.

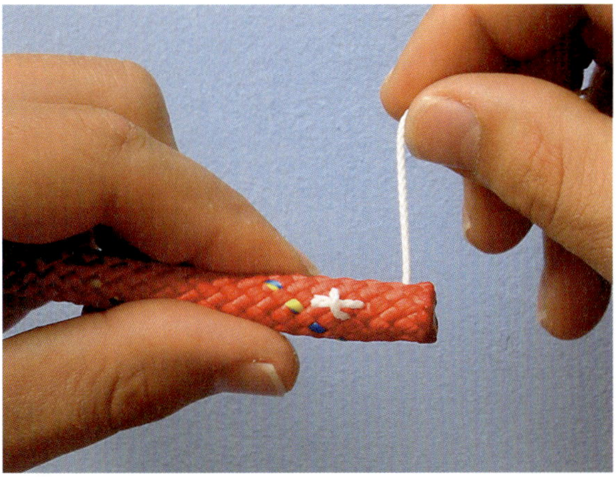

Das Ende des Takelgarns durch Übernähen sichern.

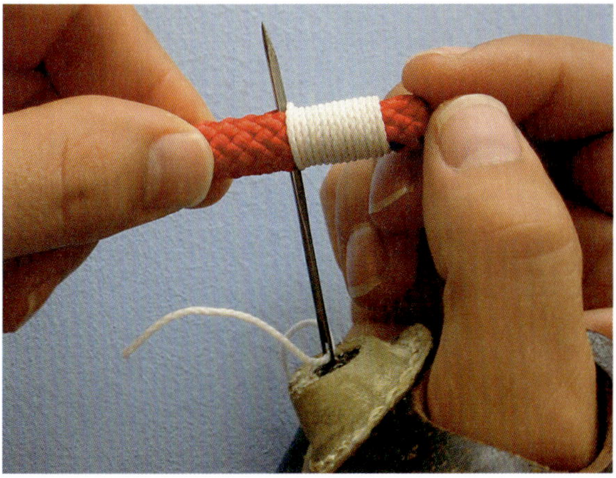

Feste Wicklungen legen und mittig durch das Seil doppelte Zurrtörns nähen.

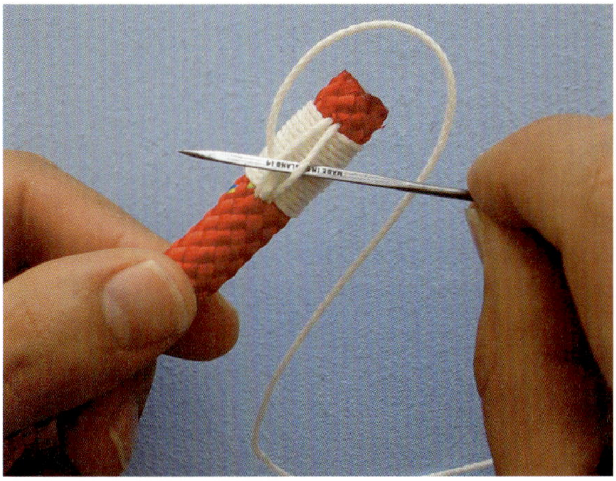

Den richtigen Abschluss bildet ein genähter Kreuzknoten.

6.4 Französischer Takling

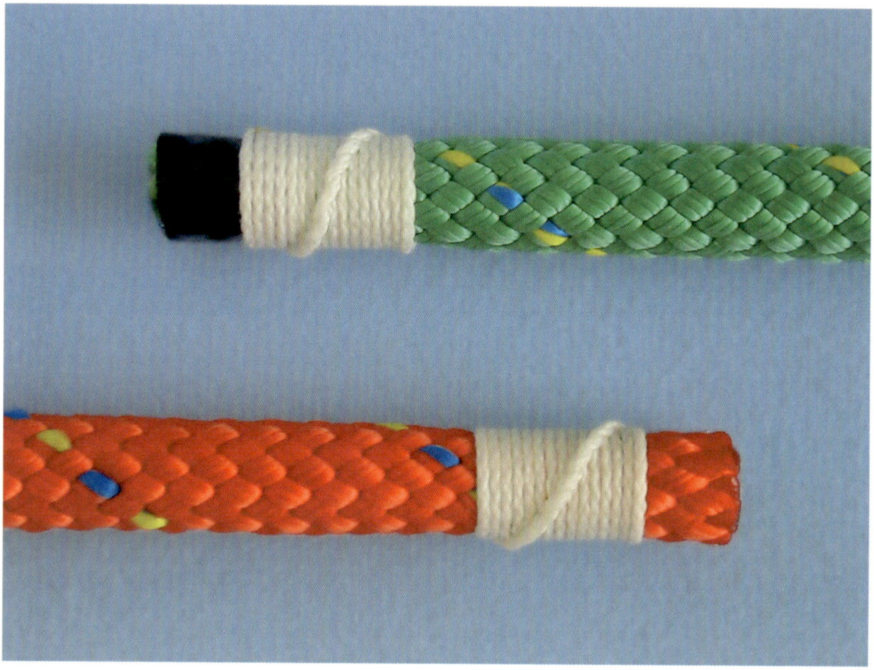

Diese Variante lässt sich sehr eng festziehen und sieht durch die Spirale der Überhandknoten auch hübsch aus.

Kann auch verwendet werden, um ein Auge zu bändseln.

Richtige Länge des Taklings: 1–1,5-facher Taudurchmesser.

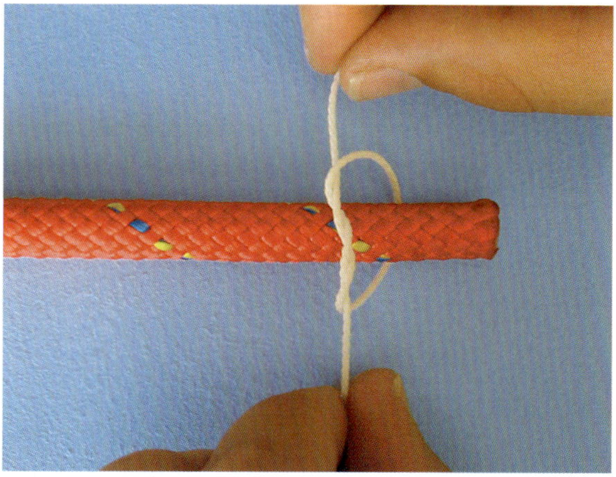

Man beginnt mit einem Chirurgenknoten, ...

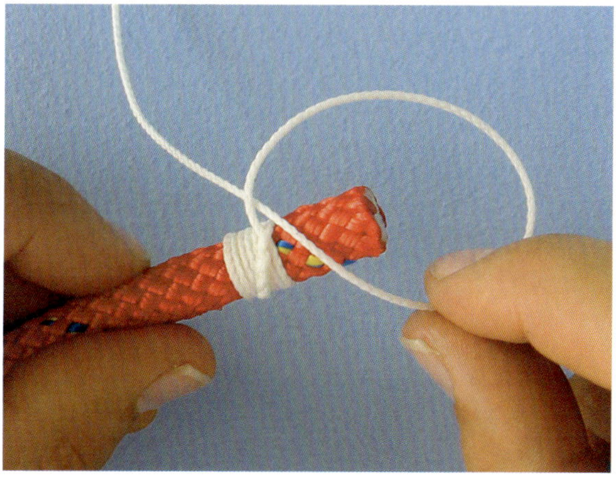

... stülpt fortlaufend halbe Schläge über das Seilende ...

... und schließt wieder mit einem Chirurgenknoten ab.

6.5 Trommeltakling

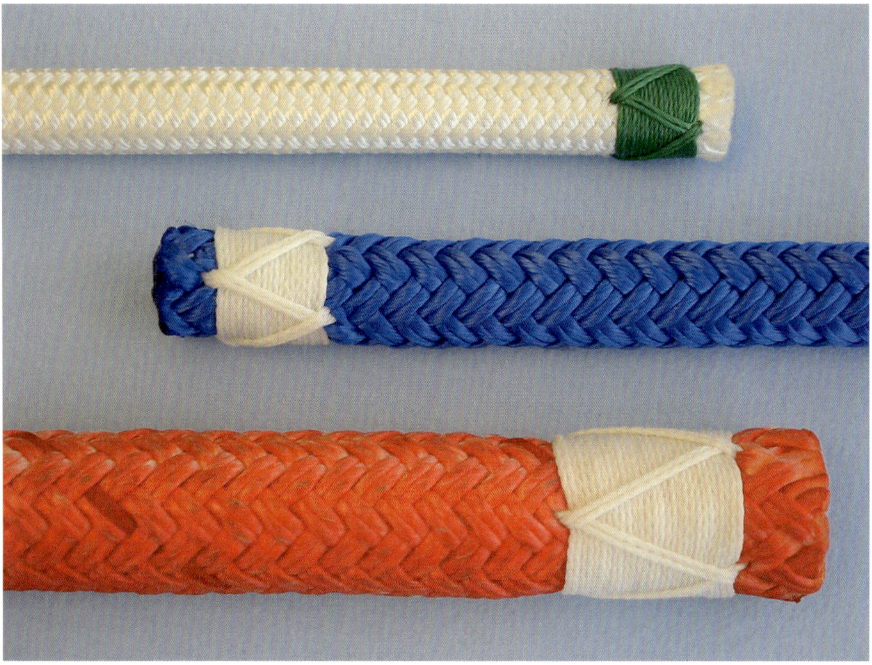

Bei diesem sehr sicheren Takling ist das gute Aussehen ebenso wichtig wie die Funktion. Besonders schön bei stärkeren Seildurchmessern. Nur für geflochtenes Tauwerk.

Richtige Länge des Taklings: 1–1,5-facher Taudurchmesser.

Genau unterhalb des Wicklungsanfangs sticht man über ein Drittel des Seilumfangs durch.

Schräg nach oben zum Wicklungsanfang und wieder über ein Drittel des Seilumfangs durchstechen.

Immer knapp hinter dem letzten Zurrtörn einstechen.

6.6 Ein Auge bändseln

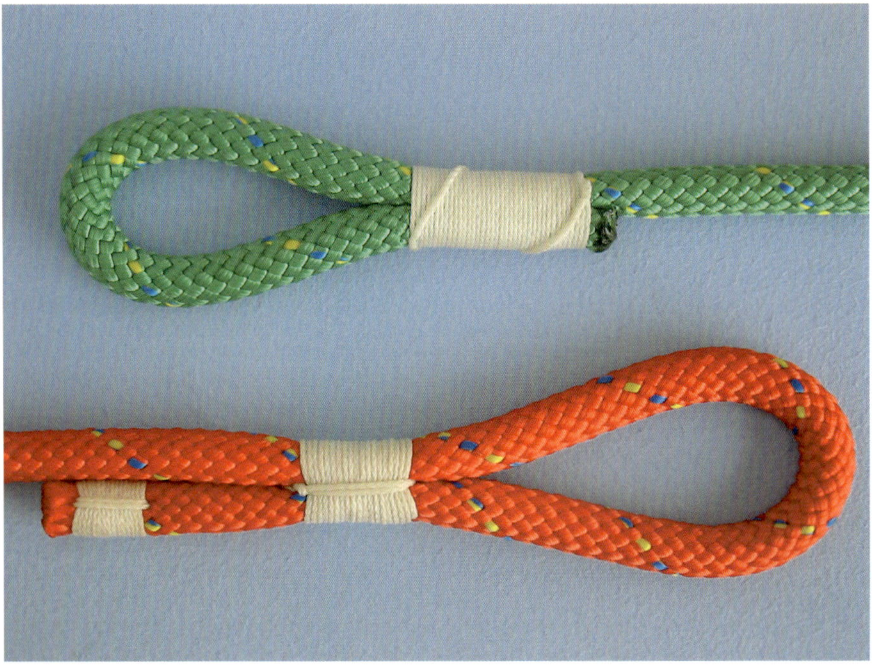

Ein Auge oder eine Kausch zu bändseln bleibt immer die zweite Wahl zu einem Spleiß. Dennoch ist es eine saubere Lösung bei nicht zu stark belasteten Anwendungen.

Durch zwei Bändsel hintereinander lassen sich Festigkeit und Sicherheit zudem erhöhen.

Richtige Länge des Bändsels: 2–3-facher Taudurchmesser.

Getestete Bruchlast eines gebändselten Auges (zwei Bändsel hintereinander, 1-mm-Takelgarn) in 8 mm doppelt geflochtenem Polyesterseil: 628 kg bzw. 40 % der Bruchlast des 8-mm-Seils.

Dreimal durchstechen und das Ende des Takelgarns sichern.

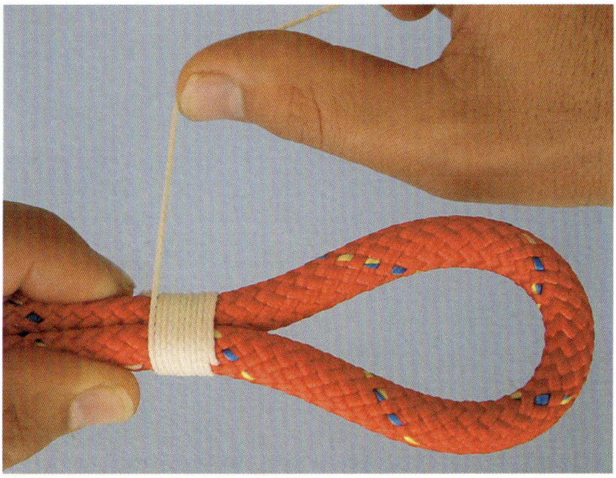

Enge Wicklungen und ...

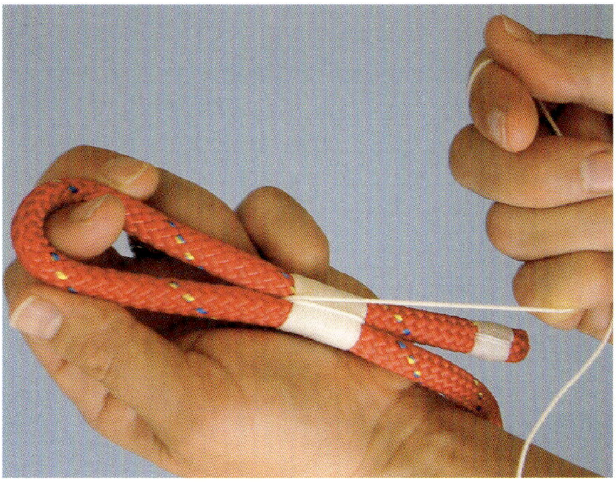

... feste Zurrtörns ergeben ein starkes Bändsel.

7. Spleißen von geschlagenem Tauwerk

Zu den Videos:

dk-buch.link/0vg

7.1 Augspleiß / Kauschspleiß

Während einige der später folgenden Spleiße nur noch den Spezialisten interessieren werden, zähle ich das Spleißen von dreischäftig geschlagenem Tauwerk noch zu den erforderlichen Grundkenntnissen des kompetenten Seglers.

Jeder kann diese Spleiße schnell lernen und Festmacher, Fenderleinen, Bojenstropps etc. mit sauberen Augen oder Kauschen versehen.

Vier Regeln, die man sich merken sollte:

1. Man spleißt immer von sich weg.
2. Geschlagenes Tauwerk wird immer gegen den Schlag gespleißt.
3. Die drei Kardeele werden immer »über und unter« und »über und unter« usw. gespleißt.
4. Bei Kunstfasertauwerk wird jedes Kardeel mindestens dreimal durchgesteckt, bevor mit der Verjüngung begonnen wird. Insgesamt mindestens fünf Durchstiche.

Übrigens: Mit einem sauber ausgeführten Spleiß bleibt die Bruchlast des Seils zu ca. 95 % erhalten.

Zuerst das mittlere der aufgeschlagenen Kardeele gegen den Schlag durchstecken.

Jedes Kardeel verläuft einmal über und einmal unter den Seilkardeelen.

Nach drei Durchstichen beginnt die Verjüngung.

7.2 Rückspleiß / Schäkelspleiß

Der Rückspleiß ist eine Methode, das Ende eines geschlagenen Seils vor dem Auftörnen bzw. Aufschlagen zu sichern. Eine Verdickung am Seilende muss bei dieser Methode in Kauf genommen werden.

Den Rückspleiß beginnt man mit dem sogenannten Kronenknoten, auch Hahnenpfote genannt. Danach spleißt man die Kardeele einfach zurück.

Möchte man einen Gegenstand, z.B. einen Schäkel oder ein Kettenglied, eng einspleißen, so werden die aufgeschlagenen Kardeele so von beiden Seiten durch den Schäkel geführt, dass ebenfalls ein Kronenknoten entsteht. Danach wird wie gehabt zurückgespleißt.

Dieser Schäkelspleiß lässt das Seil ohne unschöne Verdickung direkt an einem Schäkel anstehen. An einer Kette angebracht kann dieser Spleiß auch über die Ankerwinsch geholt werden.

Bruchlast Schäkelspleiß: 95 %

Beim Kronenknoten legt man jedes Kardeel gegen den Uhrzeigersinn über das nebenliegende Kardeel.

Die Kardeele »einmal über – einmal unter« zurückspleißen.

7.3 Kurzspleiß

Das ist der einfachste Spleiß, um geschlagenes Tauwerk gleichen Durchmessers miteinander zu verbinden.

Der Kurzspleiß kommt typischerweise zum Einsatz, wenn Tauwerk nach Bruch oder Beschädigung / starker Abnutzung wiederhergestellt werden soll.

Ein Spleiß, der für uns heute kaum noch große Bedeutung hat, im Gegensatz zu früher, als man ausschließlich Naturfasertauwerk zur Verfügung hatte.

Getestete Bruchlast Kurzspleiß: 96 %

Die aufgeschlagenen Seilenden ineinander stecken.

Erst eine Seite verspleißen, dann den Spleiß umdrehen und die andere Seite in Angriff nehmen.

8. Spleißen von geflochtenem Tauwerk

Zu den Videos:
dk-buch.link/zhq

8.1 Aug-/Kauschspleiß in quadratgeflochtenem Tauwerk

Quadratgeflochtenes Tau besteht aus acht Kardeelen, die zu vier Kardeelpaaren verdreht (geschlagen) sind.
Zwei dieser Paare haben einen Z-Schlag (rechts geschlagen) und zwei haben einen S-Schlag (links geschlagen).

1. Methode

Die Z-geschlagenen Kardeelpaare werden *entlang* der Z-geschlagenen Kardeelpaare im Seil zurückgespleißt; die S-geschlagenen *entlang* der S-geschlagenen.
Die einzige Schwierigkeit liegt im richtigen Anfang.

2. Methode

Hier werden die gleich geschlagenen Kardeelpaare *miteinander* verspleißt, d.h. Z zu Z und S zu S. Gespleißt wird immer gegen den Schlag. Nach einem kompletten Durchstich folgen fünf Durchstiche, bei denen die Kardeele einzeln zu den einzelnen, gleich geschlagenen Kardeelen im Seil in einer geraden Linie weiter gespleißt werden.

Getestete Bruchlast 1. Methode: 80 %
Getestete Bruchlast 2. Methode: 80 %

1. Methode

Mit den zum Seil hin zeigenden Kardeelpaaren beginnen ...

... und an den gleich geschlagenen Kardeelpaaren (hier Z-Schlag) entlang zurückspleißen.

2. Methode

Zuerst werden die gleich geschlagenen Kardeelpaare miteinander verspleißt, weiß zu weiß, blau zu blau, immer gegen den Schlag.

Dann werden die Kardeele einzeln in einer Linie weitergespleißt.

8.2 Aug-/Kauschspleiß in einfach geflochtenem Tauwerk

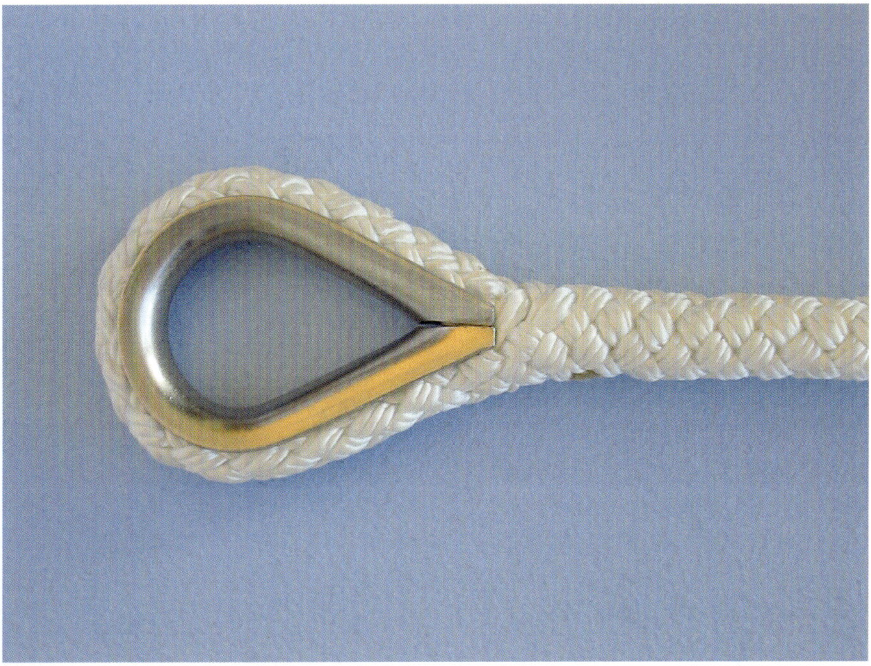

Einfach geflochtenes Tauwerk oder ein sogenanntes Hohlgeflecht zu spleißen ist denkbar einfach: Das Seilende wird ins Innere des Seils gesteckt und zurückgeführt. Durch Vernähen eines Markierungsgarns (oder durch einen genähten Takling) wird der Spleiß gegen Aufgehen bei niedrigen Wechsellasten gesichert. Bei zunehmender Last bekneift sich der Spleiß.

Wichtig: Um sich zuverlässig zu bekneifen, muss das Seilende auf einer Länge von mindestens 24-fachem Seildurchmesser verspleißt sein!

Wichtig: Bei Spleißen aller Art sollen die Verjüngungen den Spleiß nicht nur besser aussehen lassen, sondern sind für die gleichmäßige Lastverteilung der Garne und damit für eine hohe Bruchlast unverzichtbar!

Bei Hohlgeflechten kann man auch ein verstellbares Auge spleißen, indem man das Seilende nach der Länge des 24-fachen Seildurchmessers wieder unverjüngt aus dem Seil austreten lässt.

Getestete Bruchlast: 100 %

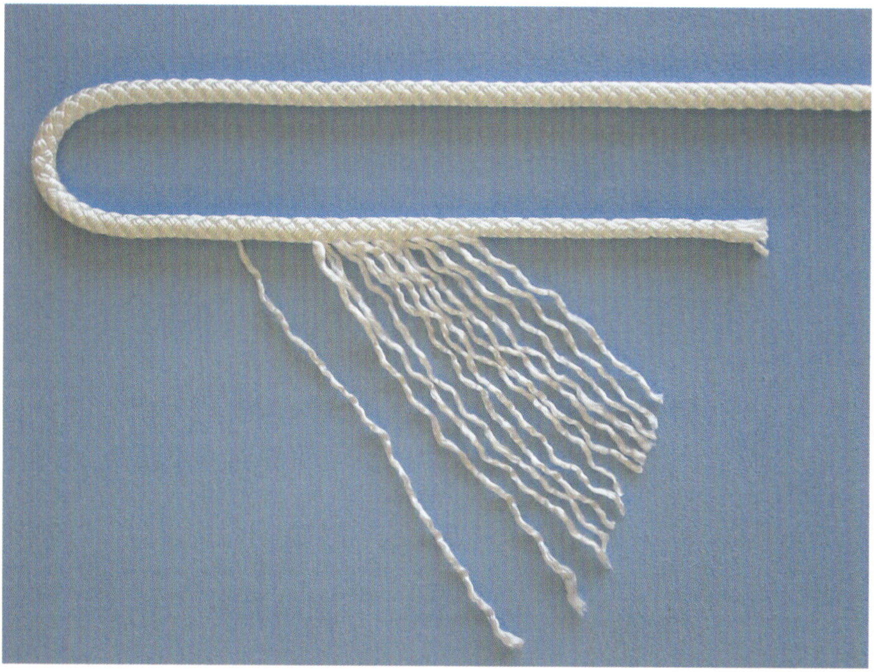

Hier beginnt die Verjüngung ca. zwei Seildurchmesser hinter dem Markierungsgarn.

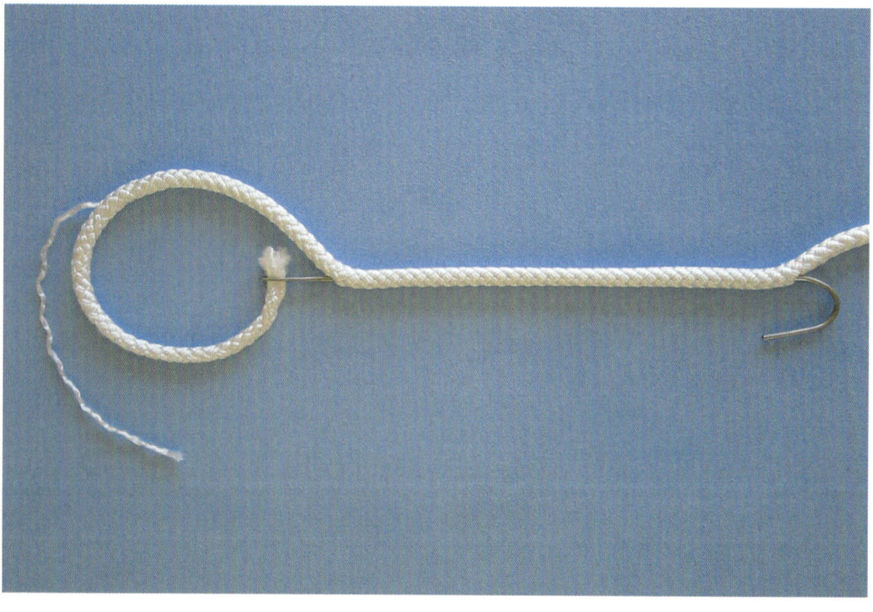

Das verjüngte Seilende mit der Spleißnadel bis zum Markierungsgarn einziehen.

8.3 Aug-/Kauschspleiß in doppelt geflochtenem Tauwerk

Hier beginnt sich die Spreu vom Weizen zu trennen: zum einen, weil so manch einer vor diesem Spleiß kapituliert, zum anderen, weil dieser Spleiß oft nur in einer abgekürzten, vereinfachten und daher weniger belastbaren Variante ausgeführt wird. Nicht so hier!

Bitte bedenken Sie:
Jeder kann diesen Spleiß lernen und ausführen, aber auch das Spleißen ist eine Übungssache. Beim ersten Mal noch kein perfektes Ergebnis erwarten!

Übermäßig großer Kraftaufwand ist zu keiner Zeit nötig – wenn doch, dann wurde etwas falsch gemacht. Meist wurden dann Garne oder einzelne Fasern beim Durchführen des Spleißwerkzeugs verletzt.

Es ist hilfreich, mit einem relativ lose geflochtenen Seil anzufangen. Auch sollte man den Aufbau des fertigen Spleißes, wie und wo Mantel und Kern sich kreuzen und ineinander oder nebeneinander liegen, verinnerlicht bzw. genau vor Augen haben.

Spleißaufbau in doppelt geflochtenem Tauwerk

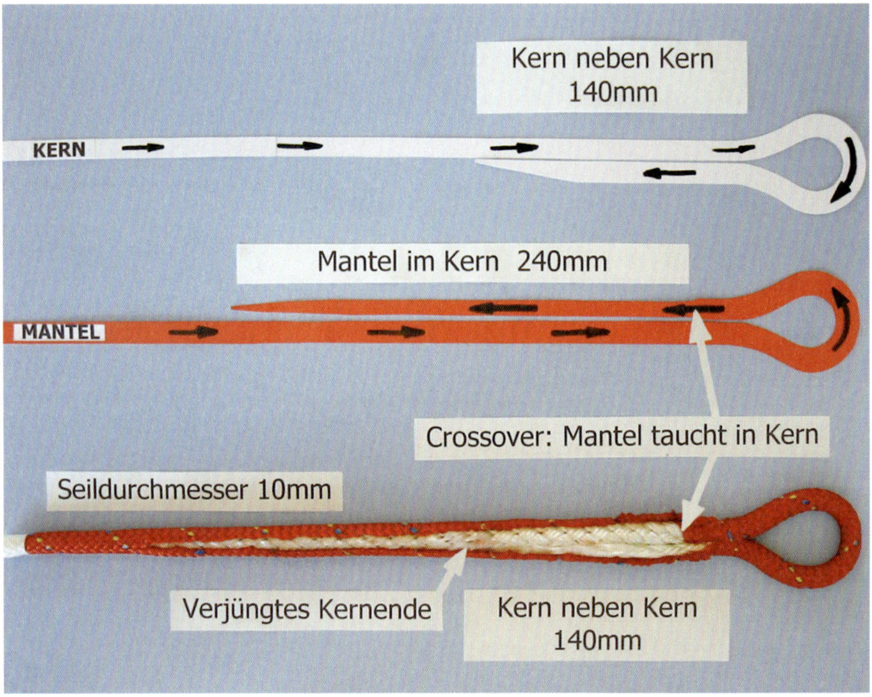

Die wichtigsten Längen im Spleiß:

- Markierung Mantel: 24 facher Seildurchmesser.
- Länge des wieder eingeführten Kerns: Umfang des Auges bzw. der Kausch plus 14-facher Seildurchmesser.
- Länge der Kernverkürzung: 8- bis 10-facher Seildurchmesser, genaue Länge ist von Seilkonstruktion abhängig, d.h. Erfahrungswert.

Die einzelnen Arbeitsschritte in Stichworten als »Spickzettel«:

- 4 Meter vom Ende Knoten machen
- Mantellänge markieren (24 x)
- Umfang Auge dazunehmen, dort Kern herausholen
- Kernverkürzung markieren und Kern zurückführen (14 x)
- Mantel verjüngen, an Kernmarkierung in Kern einführen
- Kreuzstelle vernähen
- Seil zurückmelken, Kern kappen, Seil ganz zurückmelken, sichern mit Markierungsgarn oder genähtem Takling

Getestete Bruchlast: 100 %

Der herausgeholte Kern wird durch den Mantel zurückgezogen.

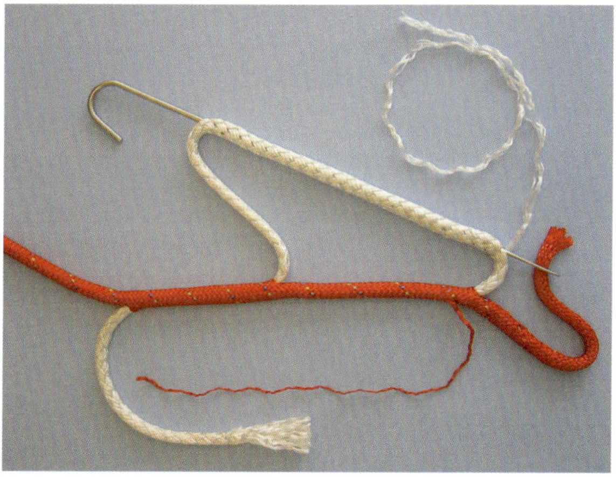

Der verjüngte Mantel wird in den Kern gezogen.

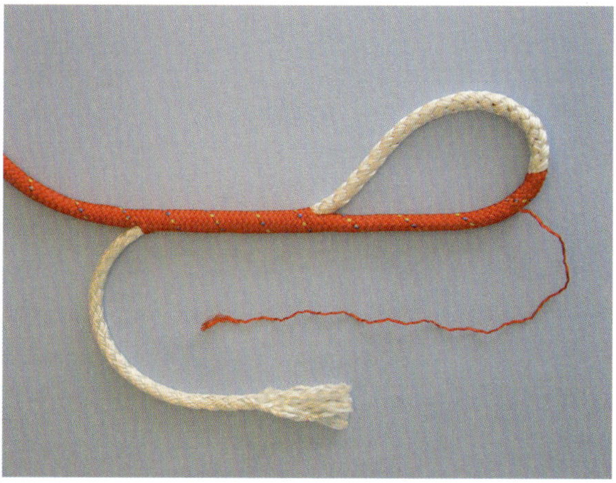

Jetzt wird der aufgestauchte Mantel zurückgemolken und das Kernende gekappt.

8.4 Endlosspleiß in doppelt geflochtenem Tauwerk

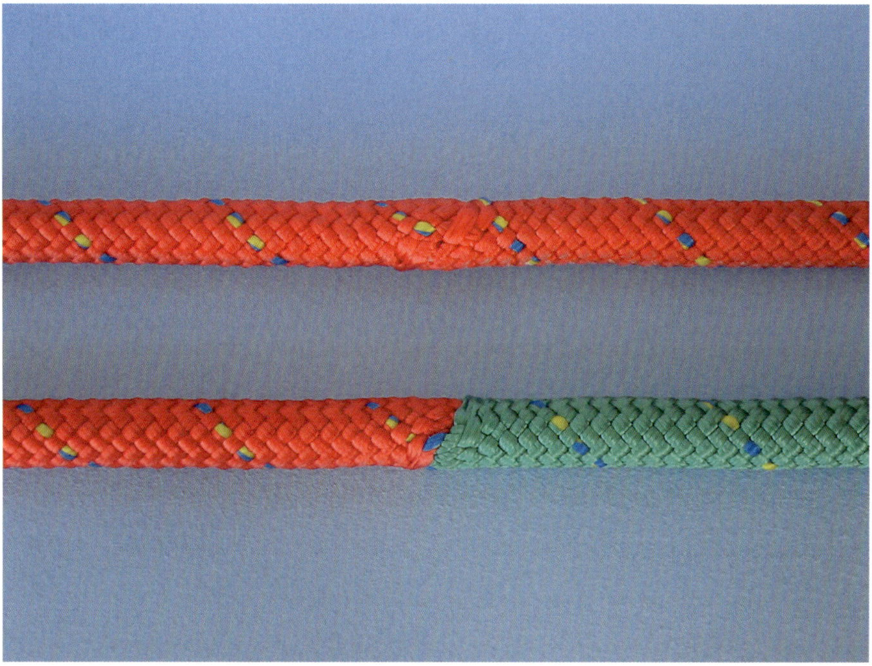

Dieser Spleiß wird häufig bei Endlos-Reffleinen für moderne Leichtwindsegel benötigt. Mantel und Kern werden getrennt. Von einer Seite aus betrachtet geht der Mantel in den Kern – und der Kern in den Mantel – des anderen Seilendes. Von der anderen Seite aus betrachtet verhält es sich genauso. Diese (beste) Variante des Endlosspleißes verlässt sich nirgends auf zusammengenähte Kernenden o. Ä.

Die wichtigsten Längen

- Der verjüngte Mantel wird auf der Länge des 24-fachen Seildurchmessers in den Kern eingeführt.
- Der Kern wird auf der Länge des 14-fachen Seildurchmessers in den Mantel eingeführt.
- Beim fertigen Spleiß soll die Stelle der Überkreuzung maximal so lang wie der einfache Seildurchmesser sein.

Dieser Spleiß lässt sich, falls nötig, auch ganz ohne Verdickung machen. Dann muss der Mantel über seine ganze Länge (24- +14-facher Seildurchmesser) und der Kern vom eingeführten Mantelende bis zum Kernende verjüngt, d. h. halbiert werden.

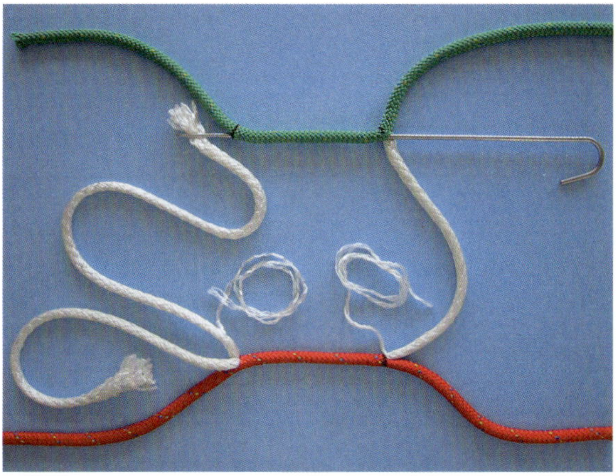

Der Kern des einen Seils wird in das hohle Mantelstück des anderen Seils gezogen.

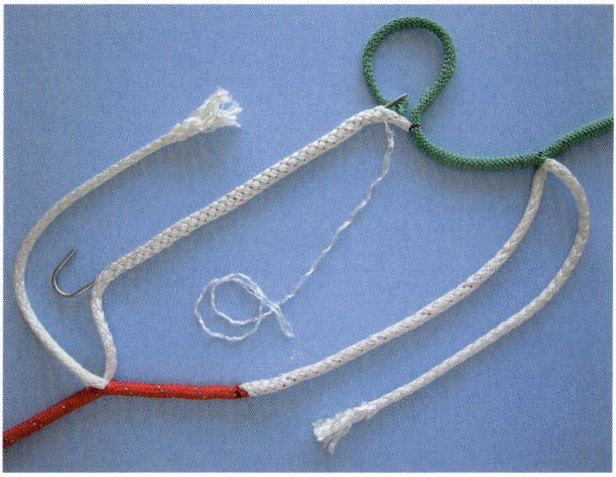

Die verjüngten Mantelenden kommen in den Kern des jeweils anderen Seils.

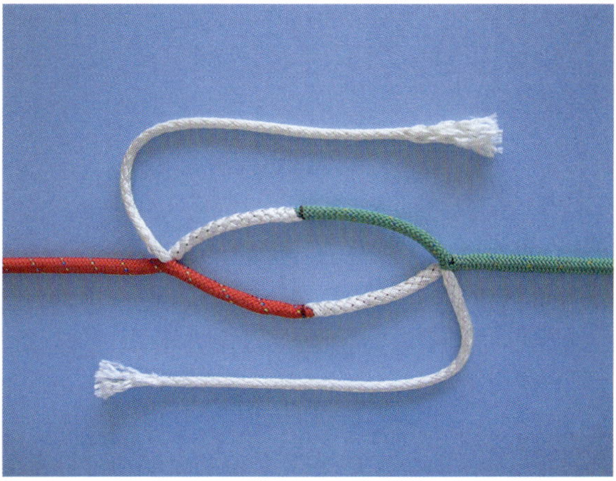

Dann wird zurückgemolken und die Kernenden werden gekappt.

8.5 Aug- / Kauschspleiß in Parallelkerngeflecht

Die parallelen Fasern im Kern dieser Seile verlaufen genau in Lastrichtung. Der Kern ist hier das überwiegend tragende Element und erlaubt nur geringsten Reck auch ohne Verwendung von Hightech-Material.

Der größte Unterschied beim Spleißen ist, dass der Mantel nicht in den Kern gespleißt werden kann.

Parallelkerngeflechte haben meist einen Zwischenmantel, der im gesamten Spleißbereich entfernt werden muss. Hat der Kern nur eine leichte Umwicklung, so wird diese nur am Kernende (14-facher Seildurchmesser plus Kernverkürzung) entfernt. Das Ende der Umwicklung wird mit Klebeband am Kern fixiert.
Getestete Bruchlast: 82 %

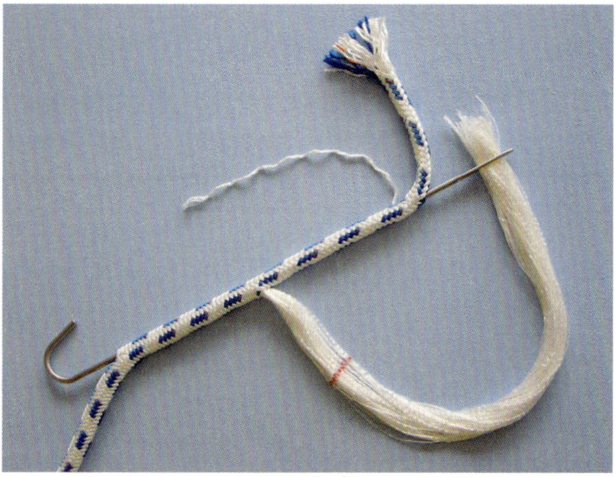

Die Kernfasern durch den Mantel zurückziehen.

Das Mantelende verjüngen …

… und mit Klebeband entlang der Kernfasern fixieren.

9. Spleißen von Hightech-Tauwerk

Zu den Videos:

dk-buch.link/37t

9.1 Aug-/Kauschspleiß in einfach geflochtenem Hightech-Tauwerk

Hier gibt es zwei Möglichkeiten:

- Man macht zunächst zwei gekreuzte Durchstiche (Brummelspleiß). Danach wird das Seilende als Kern in das Seil eingespleißt und endet mit einer Verjüngung. Dieser Spleiß ist selbstsichernd, und es muss kein Takling aufgebracht werden.
- Das Seilende wird einfach als Kern ins Innere des Seils eingespleißt. Es endet ebenfalls mit einer sauberen Verjüngung. Dieser Spleiß muss mit einem genähten Takling nahe am Auge gesichert werden, damit er sich bei Lastwechseln oder beim Schlagen des Seils unter geringer Belastung nicht aufziehen kann.

Wichtig: Das Seilende muss bei den glitschigen Hightech-Fasern mindestens auf der Länge des 48-fachen Seildurchmessers verspleißt sein.
Getestete Bruchlast bei beiden Methoden: 100 %

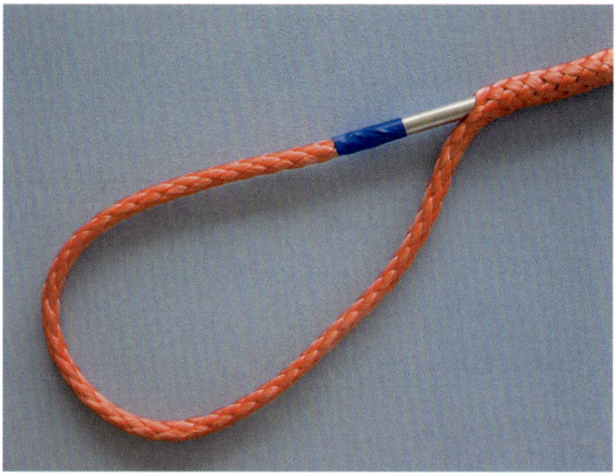

Das Seilende im Inneren zurückführen …

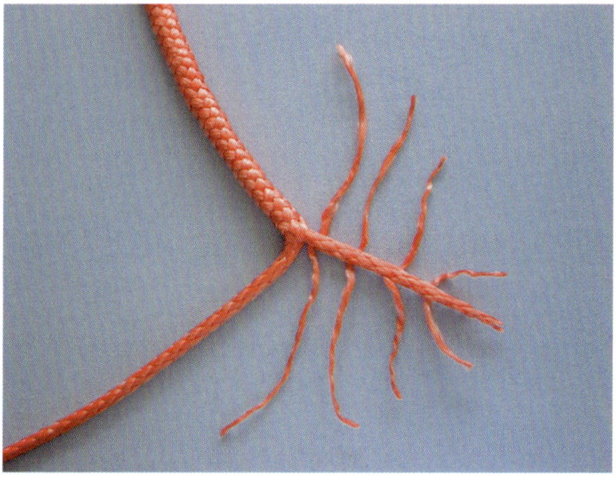

… und gleichmäßig verjüngen.

Mit dieser Methode wird der selbstsichernde Brummelspleiß gemacht, ohne das lange Ende durchführen zu müssen.

9.2 Aug-/Kauschspleiß in doppelt geflochtenem Hightech-Tauwerk

Bei doppelt geflochtenen Seilen mit einem Hightech-Kern muss der Kern mit dem Kern verspleißt werden.

Der Mantel dieser Seile hat für die Bruchlast nur eine untergeordnete Bedeutung. Es gibt verschiedene Möglichkeiten, den Mantel zu verspleißen. Hier wird die beste und eleganteste Methode gezeigt. Manche dieser Seile – vor allem bei sehr kleinen Durchmessern von 3 oder 4 mm, aber auch andere – sind einfach zu eng geflochten, um den Mantel in den Spleiß zu integrieren. In diesem Fall wird der Mantel außen am Spleiß beigetakelt.

Oft befindet sich bei diesen Seilen ein weiteres, drittes Geflecht zwischen Mantel und Kern. Dieses soll eine Kern-Mantel-Verschiebung verhindern. Es wird auf der gesamten Länge des Spleißes entfernt.

Wichtig: Die Länge des Kerns im Kern beträgt mindestens den 48-fachen Seildurchmesser.

Beim Verjüngen muss man sorgfältig vorgehen. Die einzelnen Garne werden in regelmäßigem Abstand herausgezogen, immer abwechselnd ein links- und dann ein rechtsherum laufendes, bis die Zahl der Garne halbiert ist.

Getestete Bruchlast: 100 %

Das verjüngte Mantelende kommt in den Kern.

Der Kern wird ein zweites Mal herausgeholt …

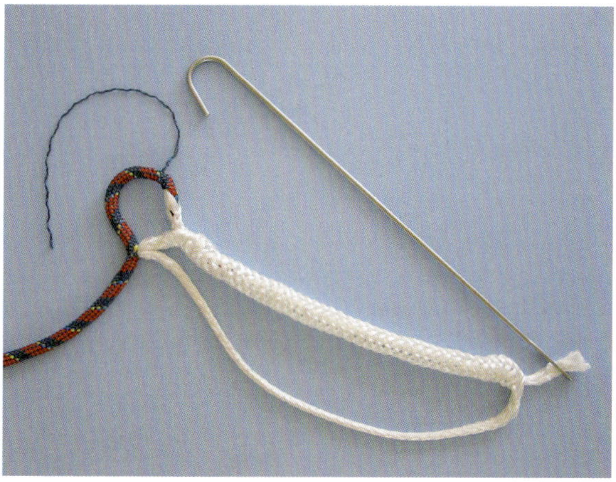

… und das Kernende wird in den Kern gespleißt.

9.3 Verjüngung

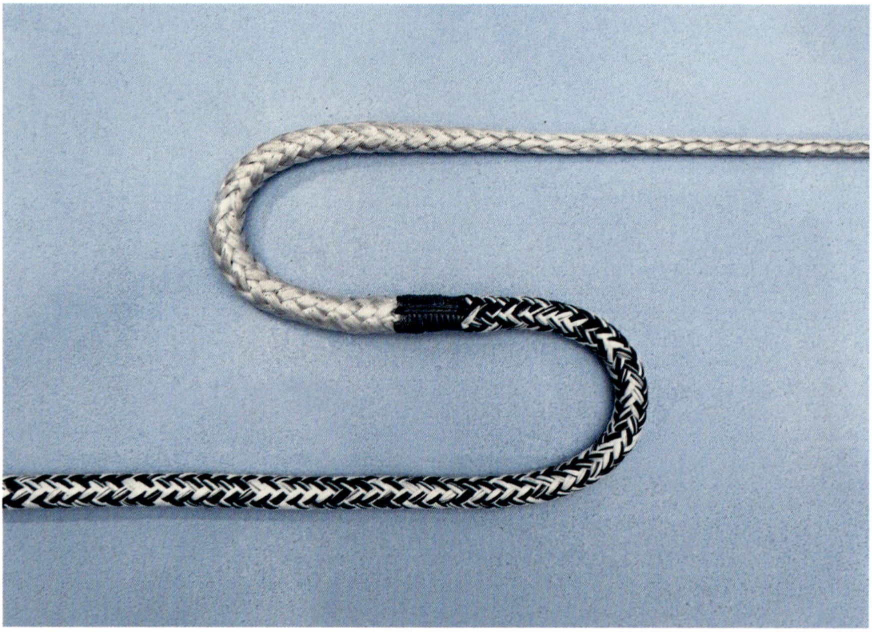

Doppelt geflochtenes Hightech-Tauwerk kann durch Spleißen verjüngt werden, sofern es vom Hersteller dafür vorgesehen ist und der aus Dyneema, Vectran, Zylon oder einer anderen Hochmodul-Faser bestehende Kern entsprechend imprägniert wurde und eine kompakte, glatte Oberfläche aufweist. Für das Verjüngen, auch Abstrippen genannt, sprechen mehrere Gründe: Gewichtsersparnis, vor allem bei Spischoten, aber auch Verminderung des Toppgewichts bei Fallen sowie leichterer Lauf durch Blöcke und Umlenkungen, die dadurch selbst kleiner ausfallen können.

Nach dem gleichen Prinzip kann auch ein zusätzliches Mantelgeflecht auf einer Leine aufgebracht werden, um z. B. besseren Schutz in Stoppern und Hebelklemmen zu bieten. Wichtig ist dabei, dass das Mantelgeflecht bis ca. einen Meter auf die Lastseite vor eine Klemme oder einen Belegpunkt reicht und dort erst die Verjüngung beginnt.

Vom Mantelgeflecht bleibt eine Länge vom ca. 12-Fachen des Seildurchmessers stehen. Das Mantelende wird durch Herausziehen von Garnsträngen verjüngt.

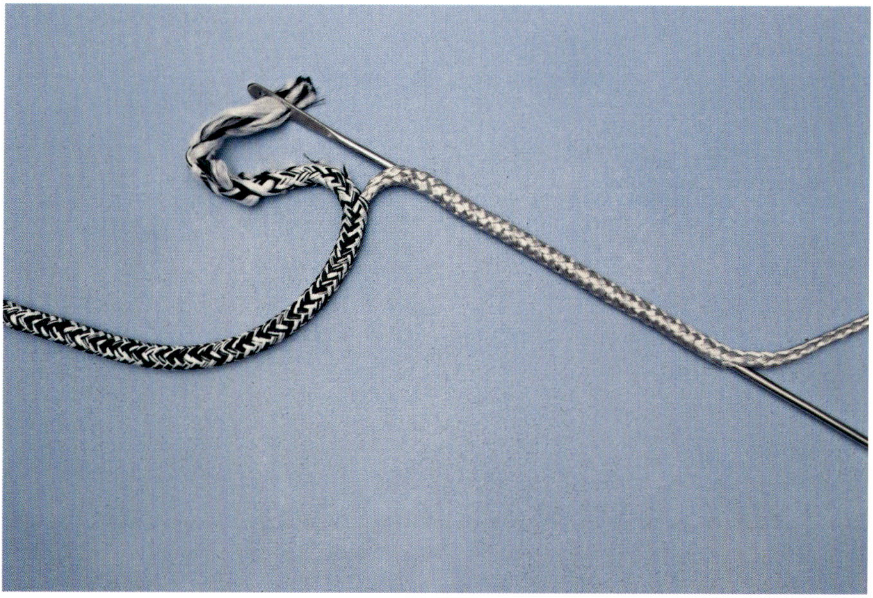

Das verjüngte Mantelende wird in den Kern gespleißt und abschließend mit einem genähten Takling gesichert.

10. Tauwerkschäkel

Zu den Videos:

dk-buch.link/yns

Aus Tauwerk lassen sich Verbindungselemente fertigen, die man wie herkömmliche Schäkel aus Metall einsetzen kann. Sie sind leicht und schnell zu öffnen und wieder zu schließen.

In einfacher Form und aus geschlagenem Tauwerk gab es das auch schon früher, zur Zeit der Segelschifffahrt.

Doch mit den hochfesten modernen Materialien, wie z. B. Dyneema, und der geflochtenen Seilkonstruktion kann man absolut sichere, extrem belastbare und besonders elegante Schäkel aus Tauwerk herstellen.

Einsatz des Tauwerkschäkels:

- Schot an Vorsegel anschlagen
- Fall an Segel anschlagen
- Block an Decksbeschlag befestigen

Vorteile des Tauwerkschäkels:

- Gewicht! Im Vergleich zu Metallschäkeln mit gleicher Bruchlast liegt die Gewichtseinsparung bei ca. 90%!
- Keine Kratzer oder Beschädigungen an Deck, so gut wie keine Verletzungsgefahr, z. B. wenn Vorsegel im Wind schlagen.
- Keine Punktbelastungen (»stresspoints«) aufgrund der flexiblen Konstruktion.
- Auch nach großer Belastung leicht nur mit den Fingern zu öffnen.

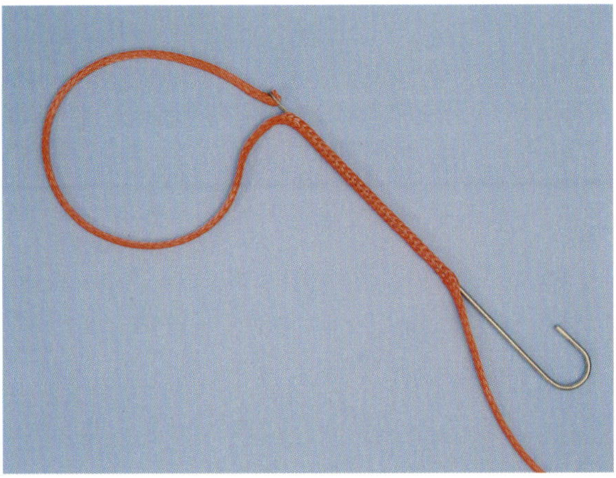

In einfach geflochtenes Tauwerk wird ein kleines Auge gespleißt. Das Seilende wird so weit im Inneren zurückgeführt, wie es dem gewünschten Umfang des Tauwerkschäkels entspricht.

Der beste Stoppknoten für den Tauwerkschäkel ist der Zwei-Strang-Diamantknoten. Dazu bindet man zunächst einen Trossenstek …

… und steckt dann die Enden durch die Mitte des Knotens.

Ziehe die Part, die ins Innere taucht, etwas heraus. Das kleine Auge öffnet sich. Tauwerkschäkel mit einer eingespleißten Zugleine lassen sich noch schneller öffnen ohne dabei genau hinsehen zu müssen.

Jetzt kann der Stoppknoten durch das Auge geführt werden. Der Schäkel ist geöffnet.

Durch Zurückstreichen des äußeren Geflechts vom Stoppknoten aus schließt sich das kleine Auge und man hat eine absolut zuverlässige Verbindung geschaffen. Ein solcher Tauwerkschäkel kann nicht von allein aufgehen.

Tauwerkschäkel mit eingespleißten Zugleinen sind komfortabler und schneller zu öffnen. Die Zugleine besteht aus einem dünnen Einfachgeflecht, z. B. 1 mm Dyneema. Sie ist wie ein Mini-Tauwerkschäkel gefertigt. Am Ende könnte hier auch ein einfacher Überhandknoten anstelle des Diamantknotens verwendet werden.

Mit zwei Diamantknoten unverlierbar eingespleißte Tauwerkschäkel als Endbeschlag an Fallen und Streckerleinen. Das Fall selbst könnte auch eine doppelt geflochtene Konstruktion haben.

Wichtige Punkte:

- Streicht man beim geschlossenen Tauwerkschäkel das äußere Geflecht vom Diamantknoten aus zurück, muss das kleine Auge die Leine unterhalb des Diamantknotens locker umschließen. Dann wirkt die Last auf äußeres und inneres Geflecht verteilt.

- Den Diamantknoten fest zuziehen und die Seilenden gut verschweißen.

Typische Bruchlasten von Tauwerkschäkel
Material 100 % Dyneema SK75:

gefertigt aus: 4 mm = 1440 kg
5 mm = 3045 kg
6 mm = 6020 kg

Die Bruchlast eines Tauwerkschäkels beträgt i. d. R. mindestens das 1,5-fache der Bruchlast des verwendeten Seils.

11. Spleißen von Tauwerk zu Drahtseil und Kette

Zu den Videos:

dk-buch.link/0x1

11.1 Spleißen von Tauwerk zu Drahtseil

Dieser Spleiß kombiniert die geringe Dehnung und die hohe Festigkeit eines Drahtseils mit den Vorteilen von Tauwerk: bessere Handlichkeit und einfaches Belegen und Festmachen.

Man verspleißt in der Regel doppelt geflochtenes Tauwerk mit Drahtseil flexibler Qualität wie 7 x 19 oder 7 x 7 aus Edelstahl sowie 6 x 19, 6 x 36, 6 x 37 aus verzinktem Stahl.

Alle diese Drahtseilkonstruktionen haben sechs außen liegende Litzen. Sie werden als drei Litzenpaare behandelt. Das Garn des Tauwerks wird also immer unter zwei nebeneinander liegenden Litzen durchgesteckt.

Die Garne des Kerns und danach die des Mantels werden zu jeweils drei gleich großen Bündeln zusammengefasst.

Wie bei Drahtseilspleißen üblich wird hier immer mit dem Schlag des Drahtseils gespleißt. Das bedeutet: Jedes Garnbündel wird immer unter das gleiche Litzenpaar gesteckt, praktisch um das Litzenpaar gewickelt.

Wird das angespleißte Tauwerk auf einer Winsch belegt, so muss der Spleiß in seiner gesamten Länge vor der Winsch bleiben, darf also nicht mit aufgewickelt werden.

Getestete Bruchlast: 100 % des Drahtseils bzw. 62 % des Tauwerks.

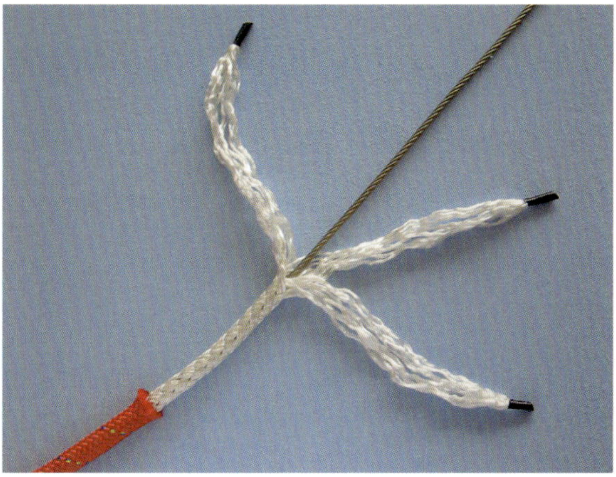

Das Kerngeflecht in drei gleich starke Bündel teilen.

Mit dem Hohlspieker unter einem Litzenpaar durchstechen und das Bündel mit dem Schlag verspleißen.

Den aufgestauchten Mantel zurückmelken und entsprechend verspleißen.

11.2 Spleißen von geschlagenem Tauwerk zu Kette

Dieser Spleiß ist identisch mit dem Schäkelspleiß im Kapitel »Spleißen von geschlagenem Tauwerk«.

Die aufgeschlagenen Kardeele werden so durch das Kettenglied geführt, dass ein Kronenknoten entsteht. Dann werden die Kardeele wie gehabt zurückgespleißt.

Dieser Spleiß kann problemlos über die Bugrolle und sogar über eine Ankerwinsch laufen.

Bruchlast: 95 % des Tauwerks

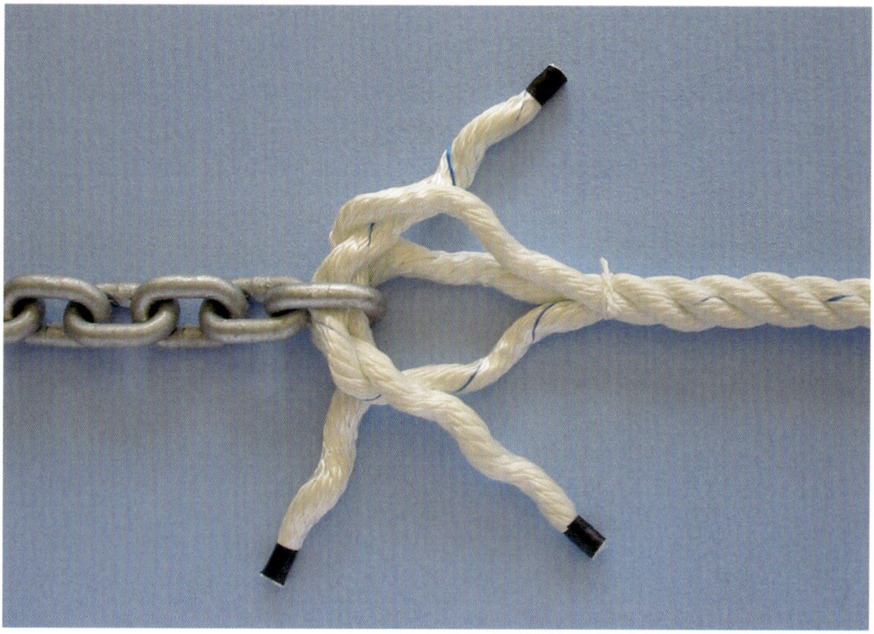

Alle Kardeele werden durch das Kettenendglied gesteckt.

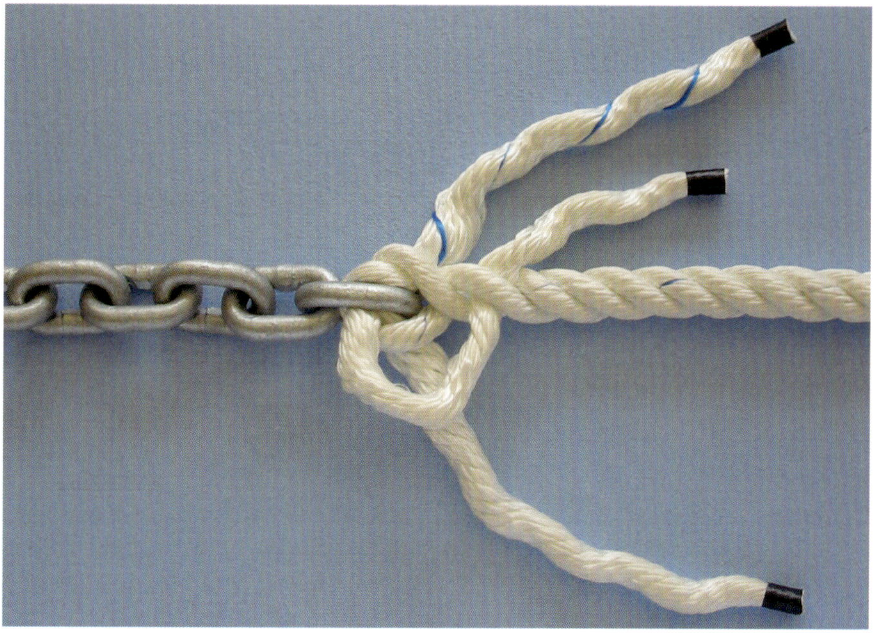

»Einmal über – einmal unter« zurückspleißen.

11.3 Spleißen von quadratgeflochtenem Tauwerk zu Kette

Der Kettenspleiß mit quadratgeflochtenem Tauwerk muss über 12 Kettenglieder reichen. Dazu muss das Seil über eine Länge von 12 Kettengliedern plus ca. 30 % dieser Länge aufgeschlagen werden.

Quadratgeflochtenes Tau besteht aus acht Kardeelen, die zu vier Kardeelpaaren verdreht (geschlagen) sind.

Zwei dieser Paare haben einen Z-Schlag (rechts geschlagen) und zwei Paare haben einen S-Schlag (links geschlagen).

Es werden immer zwei gleich geschlagene Paare im selben Kettenglied gekreuzt, d.h. in einem Kettenglied die beiden rechts geschlagenen und im nächsten Kettenglied die beiden links geschlagenen Paare.

Getestete Bruchlast: 55 % des Tauwerks

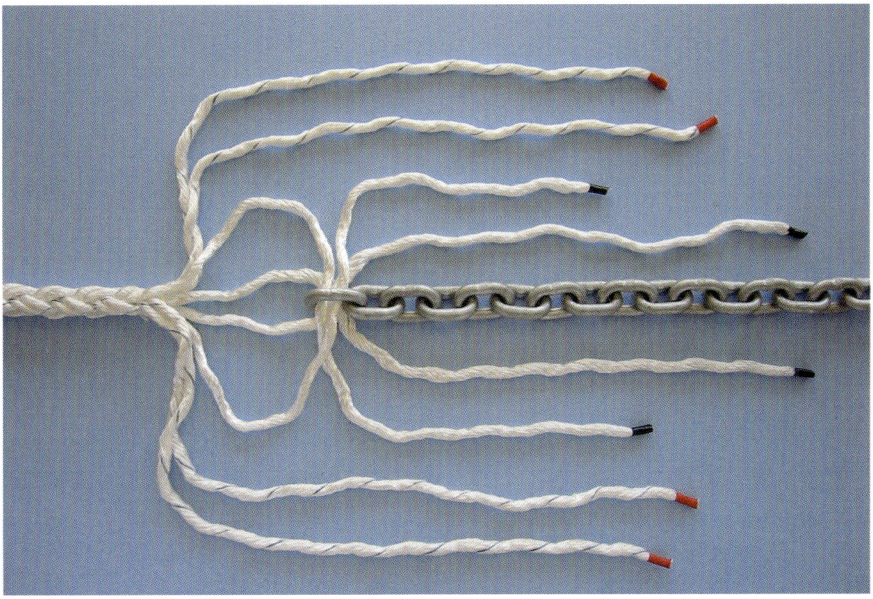

Die Kardeele werden einzeln und abwechselnd von beiden Seiten durch ein Kettenglied gesteckt.

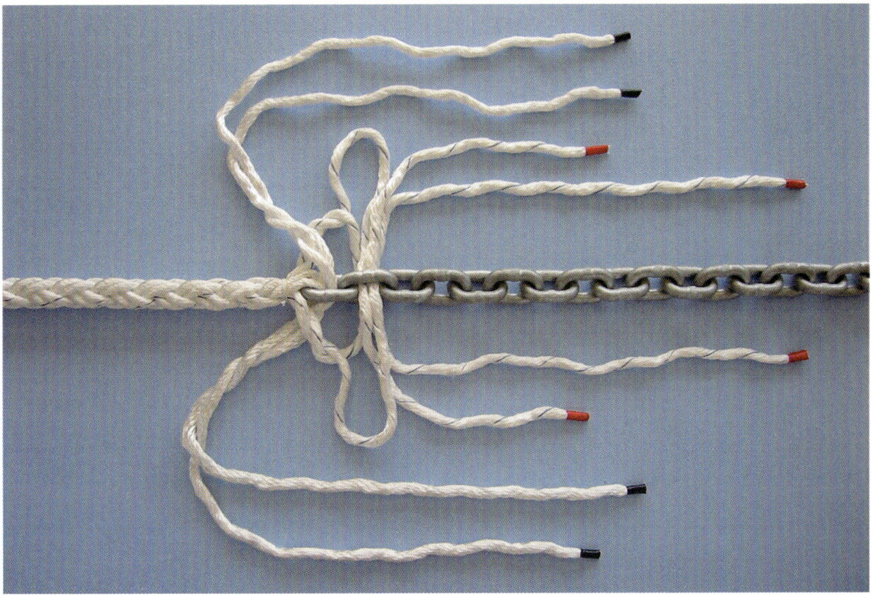

Zwischen den Durchstichen werden die Kardeelpaare entsprechend ihrem Schlag verdreht.

12. Spleißwerkzeuge

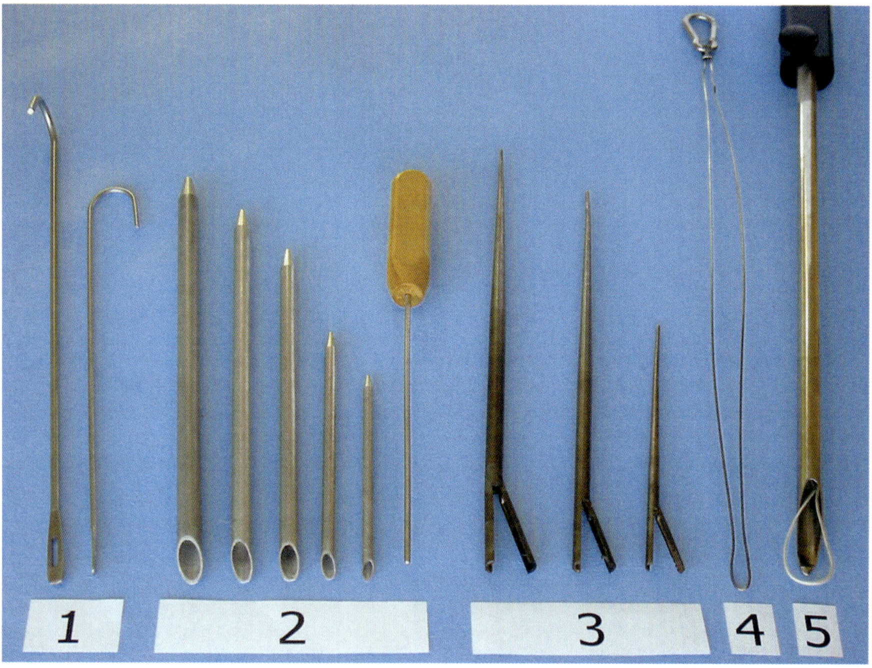

1. Vom Autor empfohlene Spleißnadeln. Zum Durchziehen der Seil-, Mantel- bzw. Kernenden.

2. Fids mit Pusher zum Durchschieben der Enden. Nicht optimal bei engen Spleißaufgaben, z. B. dem Verspleißen des Kerns auf Länge des 14-fachen Seildurchmessers bei doppelt geflochtenen Seilen.

3. Fids zum Durchschieben. Im aufklappbaren Ende mit einem oder mehreren Widerhaken werden die Seil-, Mantel- bzw. Kernenden eingelegt.

4. Einfaches Spleißwerkzeug aus Klaviersaitendraht zum Durchziehen von Seilenden. Geeignet, um besonders starken Zug auszuüben, z. B. beim Spleißen von sehr engen Hohlgeflechten und einfach geflochtenen Seilen.

5. Komfort-Spleißnadel zum Durchziehen der Enden. Einfaches Einlegen der zu verspleißenden Enden in die Schlinge, die sich durch Verschieben und Feststellen des Rohrstücks zusammenzieht. In verschiedenen Größen erhältlich.

13. Seil und Sicherheit

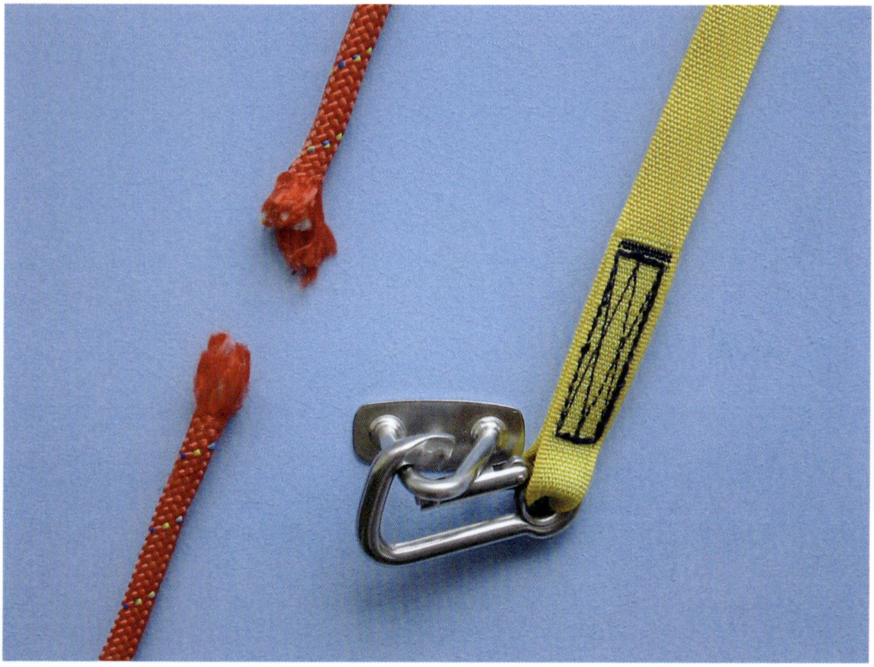

- Karabiner
- SWL Sichere Arbeitslast
- Einheiten kN, daN, kg, Umrechnung
- Dynamische Lasten

Seil und Sicherheit gehen Hand in Hand. In den meisten Anwendungen bedeutet das Versagen eines Seils eine direkte oder indirekte Gefährdung – im schlimmsten Fall sind Personen gefährdet, oft sind wertvolle Güter betroffen. Doch meistens ist bei einem solchen Versagen ein falscher Umgang mit Tauwerk, Knoten oder Endbeschlägen schuld. So brechen oder versagen Seile meist nicht, weil die eigentliche Last zu groß war, sondern weil das Seil über eine scharfe Kante gelegt wurde oder in zu engem Radius umgelenkt wurde, irgendwo gescheuert hat, weil es alt oder verwittert war, weil es früher schon über den Bereich der sicheren Arbeitslast hinaus beansprucht wurde, weil dynamische Lasten unterschätzt wurden, weil sich ein Knoten einfach gelöst hat, ein Karabiner oder Schäkel über eine Kante gebogen wurde etc.

Karabiner

Ein Punkt, der mir persönlich besonders am Herzen liegt, ist die Verwendung von Karabinern. Karabiner ohne spezielle Sicherung können sich öffnen, und zwar schneller und öfter, als man meinen möchte (siehe Foto). Kein Kletterer würde auf die Idee kommen, sich mit »normalen« Karabinern zu sichern. Doch sieht man solche Karabiner immer wieder bei den Lifelines der Segler, dabei kann es hier genauso um Leben oder Tod gehen.

SWL

... steht für Safe Working Load, d. h. sichere Arbeitslast. Sie beträgt maximal ein Fünftel (!) der Bruchlast eines Seils oder Schäkels etc.

Einheiten kN, daN, kg, Umrechnung

Physikalisch richtig ist es, eine Last an einem Seil als Kraft auszudrücken. Kraft wird in Newton (N) gemessen. Die meisten Menschen können sich aber eine Last an einem Seil viel besser als Masse, ausgedrückt in Kilogramm (kg), vorstellen.
Um Newton in Kilogramm umzurechnen, muss durch den Faktor der Ortsbeschleunigung geteilt werden. Dieser Faktor beträgt für uns 9,81.
(Um umgekehrt Kilogramm in Newton auszudrücken, muss mit 9,81 multipliziert werden.)

Das heißt also:

1000 N = 101,9368 kg
1 kg = 9,81 N
1 kN = 101,9368 kg
1 kg = 0,00981 kN (Kilonewton)
1 daN = 1,019368 kg
1 kg = 0,981 daN (Dekanewton)

Dynamische Lasten

Wenn eine Last abrupt gestoppt wird, z. B. ein Kletterer in ein Sicherungsseil stürzt, der Festmacher einer Yacht ruckartig dichtkommt, ein Geländewagen mit Schwung in ein Abschleppseil einfährt, um ein festsitzendes Fahrzeug freizuziehen, etc., so treten dynamische Lasten auf, die um ein Vielfaches höher sein können als der Kletterer, die Yacht oder der Geländewagen statisch durch ihr Gewicht ausüben können.

Das Gewicht eines bewegten Objekts an einem Seil reicht allein also nicht aus, um die wirkende Last anzugeben oder eine SWL zu bestimmen.

Wie hoch dynamische Lasten im Vergleich zu statischen ausfallen können und welchen Einfluss dabei Material und Seilkonstruktion haben, verdeutlicht folgendes Beispiel:

Ein Gegenstand von 100 kg Gewicht hängt in der Luft an einem 5 Meter langen Seil. Verwendet wird zunächst ein doppelt geflochtenes Polyesterseil von 10 mm Durchmesser, beste Qualität.

Dieses Seil hat eine Bruchlast von 2300 kg und damit eine SWL von 460 kg. Die 100 kg Last stellen also nur ca. 22 % der SWL dar.

Wir heben den Gegenstand nun an und lassen ihn in das Seil fallen.

Die SWL von 460 kg wird als dynamische Last bereits bei einem Fall aus ca. 0,56 Meter (!) Höhe erreicht.

Fällt der Gegenstand aus ca. 6,3 Meter Höhe, verursacht sein Gewicht von 100 kg eine dynamische Spitzenlast von 2300 kg und das Seil bricht.

Verwenden wir nun statt des genannten Seiles ein Hochmodul-Seil (Vectran), ebenfalls 5 Meter lang und mit 6 mm Durchmesser. Hier haben wir eine Bruchlast von 2100 kg und eine SWL von 420 kg. Das am Seil hängende Gewicht stellt nur ca. 24 % der SWL dar.

Bei diesem extrem dehnungsarmen Seil wird die SWL bereits bei einem Fall aus nur 0,1 Meter (10 cm) Höhe erreicht. Bei einem Fall aus nur 1,26 Meter würde dieses Seil bereits brechen.

Man sieht also, dass reckarmes Tauwerk für dynamische Lasten völlig ungeeignet ist. Das Vermögen, Energie (dynamische Lasten) aufzunehmen, ist bei einem doppelt geflochtenen Seil mit PA-Kern beispielsweise über viermal höher als bei dem Hochmodulfaser-Seil.

Die Höhe einer dynamischen Last ist abhängig von:
Länge des Seils, Dehnungsvermögen des Seils, Masse des bewegten Gegenstandes und Geschwindigkeit des bewegten Gegenstandes.

Dank und Hinweise

Die Angaben zu Bruchlasten einzelner Knoten und Spleiße wurden in eigens durchgeführten Tests auf einer modernen, computergesteuerten Prüfanlage ermittelt. Für die Durchführung geht mein herzlicher Dank an die Firma Rosenberger / Liros Tauwerk.

Die Ergebnisse müssen jedoch als Richtwerte angesehen werden und können mit unterschiedlichen Seilen variieren.

Spleißwerkzeug ist im Fachhandel oder unter www.emf-marine.de erhältlich.

Egmont Manfred Friedl ist in der Seglerwelt ein anerkannter Fachmann und Tauwerk-Experte.

Friedl war schon seit seiner Kindheit vom Segeln und von Booten fasziniert und unternahm bereits als Jugendlicher zahlreiche, teils extreme Einhand-Segelreisen. Es arbeitete als Berufskletterer und war dadurch im täglichen Arbeitsalltag mit dem Einsatz von Tauwerk unter höchsten Sicherheitsanforderungen vertraut. Friedl lernte klassischen Bootsbau in England und wurde als Jahrgangsbester ausgezeichnet. Er ist kommerzieller RYA-Yachtmaster mit 200-Tonnen-Lizenz. Friedl arbeitete als Rigger und Bootsbauer für namhafte Werften in Kalifornien, Südengland und an der italienischen Riviera. Mit über 40 Jahren Segelpraxis hat er einschlägige Erfahrung als Eigner verschiedenster Segelyachten in Europa und den USA und hat mehrfach den Atlantik auf eigenem Kiel überquert. Heute lebt er in der Nähe des Tegernsees, wenn er nicht gerade für sein ambitioniertes Vorhaben »Der Törn fürs Leben« die Segel gesetzt hat, siehe www.emf-sail.com.

Der gekonnte Umgang mit Tauwerk und das moderne Spleißen sind schon seit der Zeit als Profi-Kletterer Friedls Spezialgebiet. Neben einer Ausbildung in Spleißtechnik tauschte er sich stets mit anderen Profis aus, um sein Wissen zu erweitern und die besten Techniken zusammenzutragen sowie zu verfeinern. Bereits 2006 machte Friedl den modernen Tauwerkschäkel oder Softschäkel international bekannt, der heute Standard der textilen Befestigungselemente ist und weltweite Verbreitung erfahren hat. Neben dem professionellen Spleißen sowohl im Yachtbereich als auch in der Industrie, lag es Friedl immer am Herzen, Knoten- und Spleißtechniken so präzise und verständlich wie möglich zu vermitteln.

Egmont M. Friedl hat mehrere Bücher verfasst und tritt als Referent für bekannte Fachmagazine auf. Durch zahlreiche Seminare und Workshops gilt der erfolgreiche Autor als Deutschlands bekanntester Tauwerk- und Spleiß-Experte.

EMF Marine
Rigging und Spleißwerkzeuge
www.emf-marine.de

ALLES KLAR AN BORD

Klaus Andrews | Lars Bolle
Hafenmanöver Schritt für Schritt
ISBN 978-3-7688-3256-4

Rolf Dreyer
Skippertraining
Planen, Führen und Entscheiden
ISBN 978-3-667-11211-8

Duncan Wells
Stressfrei navigieren
Törns erfolgreich planen und durchführen
ISBN 978-3-667-11810-3

Duncan Wells
Stressfrei segeln
Perfekte Manöver für Einhand-segler und kleine Crews
ISBN 978-3-667-11818-9

PRAXISWISSEN

Andrew Simpson
Dieselmotoren
Funktion - Betrieb - Wartung
ISBN 978-3-667-10397-0

Ralf Neumann
Bootskauf
Schritt für Schritt zur eigenen Yacht
ISBN 978-3-667-12251-3

Klaus Schlösser
UKW-Funkzeugnisse
SRC und UBI
ISBN 978-3-667-11955-1

Don Casey
Rumpf- und Decksreparaturen
ISBN 978-3-667-10396-3